HANNACHI Abdelhakim

Modélisation de tallage chez une culture de blé dur Triticum durum L.

HANNACHI Abdelhakim

Modélisation de tallage chez une culture de blé dur Triticum durum L.

Noor Publishing

Imprint

Any brand names and product names mentioned in this book are subject to trademark, brand or patent protection and are trademarks or registered trademarks of their respective holders. The use of brand names, product names, common names, trade names, product descriptions etc. even without a particular marking in this work is in no way to be construed to mean that such names may be regarded as unrestricted in respect of trademark and brand protection legislation and could thus be used by anyone.

Cover image: www.ingimage.com

Publisher:
Noor Publishing
is a trademark of
Dodo Books Indian Ocean Ltd. and OmniScriptum S.R.L publishing group

120 High Road, East Finchley, London, N2 9ED, United Kingdom
Str. Armeneasca 28/1, office 1, Chisinau MD-2012, Republic of Moldova, Europe
Printed at: see last page
ISBN: 978-620-7-47863-7

Modélisation de tallage chez une culture de blé dur (*Triticum durum* L.)

Présenté par : HANNACHI Abdelhakim

Résumé

Les scientifiques ont réalisé des recherches et des expériences au fil des années pour tenter d'améliorer la production de blé dur (Triticumdurum) et atteindre l'autosuffisance alimentaire, considérant qu'il s'agit d'une alimentation de base.

Dans notre expérience, nous avons utilisé quatre variétés de blé dur (Triticumdurum) les plus couramment utilisées dans la région de (siméto, oued el bared, amare 06, antalis). Nous avons mené cette expérience dans le jardin de l'université de le 20 août 1955 Skikda, hors sol et dans des conditions naturelles. Lors de notre analyse, nous avons réalisé une étude complète pour modéliser les composants du blé dur (Triticumdurum), en utilisant l'azote comme élément principal pour comparer les résultats avant et après l'utilisation de cette substance.

Les résultats ont montré que les variétés répondaient de manière linéaire à cet élément et ont donné des résultats élevés, en particulier pour la variété siméto, où nous avons enregistré une multiplication des composants et donc une augmentation du rendement. Nous pouvons donc conclure une augmentation du nombre de composants à la phase des épis.

Mots clés: modélisation, tallage, fertilisation azotée, blé dur, rendement

Abstract

Scientists have carried out research and experiments over the years to try to improve durum wheat production and achieve food self-sufficiency, considering it a basic diet.

In our experiment, we used four varieties of durum wheat most commonly used in the Setif region (simeto, oued el bared, amare 06, antalis). We conducted this experiment in the garden of the University of Skikda on August 20, 1955, above ground and under natural conditions. In our analysis, we conducted a comprehensive study to model the components of durum wheat, using nitrogen as the main component to compare results before and after the use of this substance.

The results showed that the varieties responded linearly to this element and gave high results, especially for the simeto variety, where we recorded a multiplication of the components and thus an increase in yield. We can therefore conclude an increase in the number of components in the ear phase.

Scientists have carried out research and experiments over the years to try to improve durum wheat production and achieve food self-sufficiency, considering it a basic diet.

In our experiment, we used four varieties of durum wheat most commonly used in the Setif region (simeto, oued el bared, amare 06, antalis). We conducted this experiment in the garden of the University of Setif on August 20, 1955, above ground and under natural conditions. In our analysis, we conducted a comprehensive study to model the components of durum wheat, using nitrogen as the main component to compare results before and after the use of this substance.

The results showed that the varieties responded linearly to this element and gave high results, especially for the simeto variety, where we recorded a multiplication of the components and thus an increase in yield. We can therefore conclude an increase in the number of components in the ear phase.

Keywords: modelling, planting, nitrogen fertilisation, durum wheat, yield.

Contents

Liste de Figure

17	Le nombre des grains par épi pour les variété avec traitement par l'azote
18	La langueure d'épis pour les variété sans traitement par l'azote
19	La langueure d'épis pour les variété avec traitement par l'azote
20	pois de mille grains pour les variété sans traitement par l'azote
21	pois de mille grains pour les variété avec traitement par l'azote
22	Système dynamique de la croissance des plantes
23	nombre des talles moyennes (production de biomasse avec traitement)
24	nombre des talles moyennes (production de biomasse sans traitement)

Liste Des tableaux

N°	Titre
1	Classification botanique du blé dur
2	Analyse de variance en régression linéaire
3	Le matériel utilisé dans laboratoire
4	Le matériel utilisé dans la culture
5	Le pédigrée, l'origine des variétés étudiées
6	Les caractéristiques pédologiques du sol utilisé dans notre étude.
7	Répartition des unités expérimentales
8	Les dates d'émission des feuilles.
9	Les dates d'émission des talles
10	Nombre des talle pour les variétés sans traitement par l'azote
11	Nombre des talle pour les variétés avec traitement
12	La hauteur de plante pour les variétés sans traitement par l'azote
13	La hauteur de plante pour les variétés avec traitement par l'azote
14	Le nombre d'épis par pot pour les variétés sans traitement par l'azote

15	Le nombre d'épis par pot pour les variétés avec traitement par l'azote
16	Le nombre des grains par épi pour les variété sans traitement par l'azote
17	Le nombre des grains par épi pour les variété avec traitement par l'azote
18	La langueure d'épis pour les variété sans traitement par l'azote
19	La langueure d'épis pour les variété avec traitement par l'azote
20	pois de mille grains pour les variété sans traitement par l'azote
21	pois de mille grains pour les variété avec traitement par l'azote
22	Analyse de variance de nombre de talles
23	Analyse de variance de la hauteur de plante
24	Analyse de variance de nombre d'épis/ pot
25	Analyse de variance de La langueur d'épis
26	Analyse de variance de nombre des grains/ épi

Liste des abréviations

R	Répétition
$\overline{}$	Moyenne d'une série statistique
variance	La variance d'une série statistique
Standard déviation	
S	Surface de pot
HHictar	
C°	Degré Celsius
ANOVA	Analyse of variance
Cm	Centimètre
Cm^2	Centimètre carré
G	Gramme
m^2	Mètre carré
T_1	1er talle
T_2	2ème talle
T_3	3ème talle
T_4	4ème talle
N	Nombre totale d itération
Qs	La quantité de biomasse

T	le tempe (par jour)
NTM	développement des nombre des talles
N	substance d'influence (azote)

Introduction

De nos jours, les céréales en générale, le blé (dur) en particulier, constituent la principale base du régime alimentaire pour les consommateurs algériens (Benbelkacem, 2013). Il présente un rôle social, économique et politique dans la plupart des pays dans le monde (Ammar, 2015 in Bentouati, Safsaf, 2019).

La culture des céréales est la spéculation prédominante de l'agriculture algérienne. Elle est pratiquée notamment dans les zones arides et semi-arides sur une superficie annuellement emblavées d'environ 3.6 millions d'hectares (ONFAA, 2016).

Les sélectionneurs de blé dur ont accompli des contributions uniques et d'excellents progrès pour l'augmentation de la production au cours des dernières décennies, principalement dans les pays moins développés. Cependant, il existe de nombreux défis qui leurs attendent encore pour rendre la nourriture plus accessible que jamais d'une manière durable et pour répondre aux besoins d'une population croissante (IWGSC, 2019).

La productivité et les acquisitions de ressources (développement durable) reçoivent le plus d'attention en ce moment et il 'est très important et nécessaire de travailler sur le développement est des compétences agricoles pour la prévision et la prise de décision dans l'agriculture et la foresterie et le développement dynamique de modèles mathématiques fiables, tels que la simulation et l'amélioration des cultures. Et tout cela grâce au travail d'ingénieurs et de chercheur qui représentent le rôle la partie efficace et intégrale de ce développement, et ces résultats cherchent à reproduire la croissance d'un groupe de plantes en interaction avec l'environnement, à déterminer l'impact du monastère peut avoir ces facteurs. Et à terme à faire des prédictions de cultures (Barcziet al. 1997).

Cependant, la modélisation entre dans le domaine agronomique en 1968 modéliser la croissance des plantes reste un défi, en raison de nécessaires collaborations et confrontations entre plusieurs disciplines. En effet, lors de la conception d'un tel modèle, il faut réunir des connaissances botaniques, agronomique, éco physiologique.

Selon les objectifs visés, il faut en extraire les éléments essentiels et en faire une synthèse .ensuite, la validation et l'exploitation passent par une implémentation informatique du modèle, de plus, l'introduction d'un formalisme mathématique dans certains modèles permet de vérifier leurs comportements et de mener des études plus approfondies (contrôle optimal, sensibilité aux paramètres) (Brisson et *al.*2003).

Notre sujet s'inscrit dans le cadre de la modélisation de tallage chez une culture de blé dur, sous l'effet de l'azotedonc

✓ Comment améliorer les modèles du tallage chez le blé dur ?

✓ Comment on va faire un modèle mathématique ?

✓ Quelle analyse on va utiliser pour trouver la différence entre les essais ?

✓ Quel est l'effet du traitement par l'azote sur le tallage et le développement du blé dur ?

Notre travail est divisé en deux parties distinguées

La 1^{ére} partie synthèse bibliographique diviser en deux chapitres

✓ Chapitre 01 : Généralités sur le blé dur

✓ Chapitre II : Généralités sur la modélisation de tallage chez une culture de blé dur.

Le 2^{éme} partie c'est la partie expérimentale diviser en deux chapitres

✓ Chapitre I : Matériels et méthodes

✓ Chapitre II : Résultat et discussion

Chapitre I: Généralités sur le blé dur (*Triticumdurum*)

1-Historique et répartition géographique du blé dur (*Triticumdurum*)

Depuis la naissance de l'agriculture, le blé dur est à la base de la nourriture de l'homme (Ruel, 2006). La découverte du blé remonte à 15000 ans avant Jésus-Christ dans la région du croissant fertile, vaste territoire comprenant, la vallée du Jourdain et des zones adjacentes de Palestine, de la Jordanie, de l'Iraq, et la bordure Ouest de l'Iran (Feldman et Sears, 1981). Ceci correspond au début de la période du Dryas qui fut localement un épisode climatique de sécheresse et de refroidissement, qui a pu aboutir à l'arrêt progressif du mode de vie « chasseur-cueilleur » et entraîner la domestication de certaines plantes – dont les blés – et, via le stockage de stocks alimentaires, la création de premières communautés villageoises (Hayden, 1990 ; Wadley et Martin, 1993).

Les blés ont d'abord évolué en dehors de l'intervention humaine, puis sousla pression de sélection qu'ont exercée les premiers agriculteurs (Henry et de Buyser, 2001). En simplifiant, on peut considérer que la culture des blés a historiquement entraîné trois grands types de modifications Dans une première phase, qui correspond à la période de transition entre la collecte manuelle de formes sauvages dans leur habitat natif et l'apparition des premiers champs cultivés, le passage de formes à épi fragile à des types à rachis solide a été déterminant, ainsi que le repérage de mutants à épi facilement battable et grain nu. D'autres modifications ont accompagné cette période comme le choix préférentiel de plantes érigées, à gros grain non dormant, germant uniformément et certainement un tri sur la couleur du grain, lié à des pratiques religieuses ou autres. Il est possible également que, dès cette étape, les agriculteurs aient pris conscience de l'intérêt du nombre d'épillets par épi, mais ce n'est pas certain (Bonjean, 2001).

On admet généralement que la culture de blé dur a commencé et s'est développée en Algérie au lendemain de la conquête Arabe. La plupart des auteurs s'accordent pour considérer que la céréaliculture algérienne est depuis cette date et jusqu'à la colonisation, très largement dominée par le blé dur(Laumont et Eurroux, 1961).

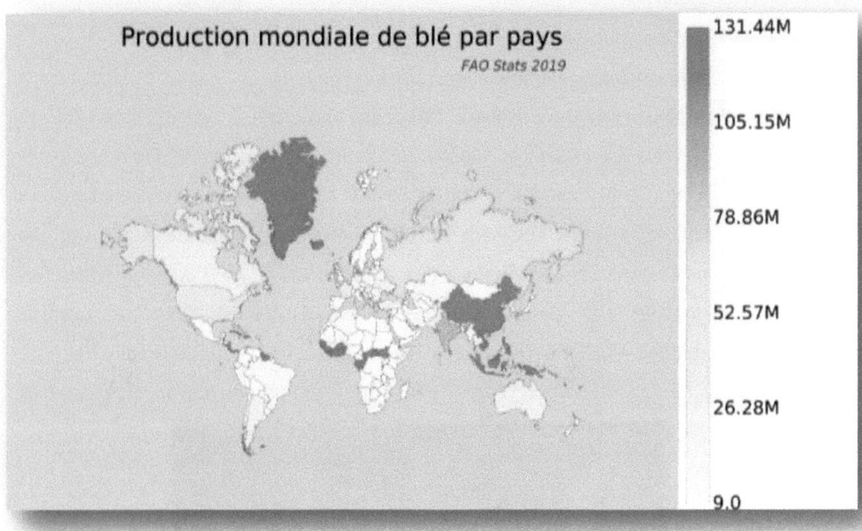

Figure 01 . La production mondiale de blé dur par pays(FAO stats 2019)

2-Origine génétique du blé dur (*Triticumdurum*)

Le blé appartient à la famille des graminées (Gramineae = Poaceae), qui comprend plus 10000 espèces différentes (Mac Key, 2005). Plusieurs espèces de ploïdie différentes sont regroupées dans le genre Triticum qui est un exemple classique d'allo polyploïdie, dont les génomes homéologues dérivent de l'hybridation inter espèces appartenant à la même famille (Levy et Feldman, 2002)

D'après Feillet (2000), ces espèces se différencient par leur degré de ploïdie (blés diploïdes : génome AA ; blés tétraploïdes : génomes AA et BB ; blés hexaploïdes : génomes AA, BB et DD) et par leur nombre de chromosomes (14, 28 ou 42). La nature polyploïde du génome des blés aurait également contribué au succès de leur domestication (Dubcovsky et Dvorak, 2007).

La filiation génétique des blés est complexe et incomplètement élucidée. Il est acquis que le génome A provient de Triticum. Monococcum, le génome B d'un Aegilops (bicornis, speltoides, longissima ou searsii) et le génome D d'Aegilops squarrosa (également dénommé*Triticumdurum*. Tauschii). Le croisement naturel *Triticumdurum.* *Monococcum*×**Aegilops**(porteur du génome B) a permet l'apparition d'un blé dur sauvage de type AABB *(Triticumdurum. Turgidumssp. Dicoccoides)* qui a ensuite progressivement évolué vers *Triticumdurum. Turgidumssp. Dicoccum* puis vers *Triticum. Durum* (blé dur cultivé) (Feillet, 2000). Des restes de types primitifs de *Triticumdurum.* Turgidum cultivé (l'amidonnier, qui est un blé à grains vêtus), découverts sur plusieurs sites archéologiques en Syrie, ont été datés d'environ 8000 avant J-C (Brink et Belay, 2006), Le croisement entre l'espèce *TriticumDurum* de constitution génomique AABB et l'Aegilops tauschiide constitution génomique DD, donna naissance à l'espèce *Triticumdurum.* Aestivum de constitution génomique AABBDD (Feldman et Sears, 1981 ;Shewry, 2009) (Figure 01)

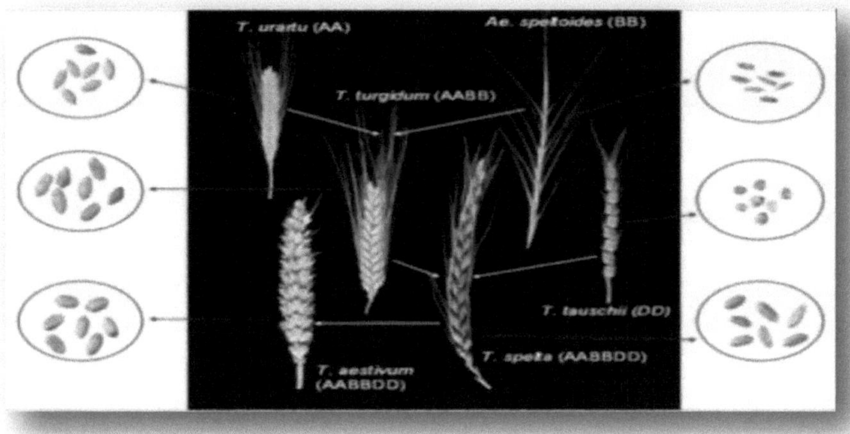

Figure 02 . Phylogéniede blé dur (Shewry, 2009)

3-Classification botanique du blé dur (*Triticumdurum*)

Le blé dur appartient au groupe des Spermaphytes et au groupe des Angiospermes, à la classe des monocotylédones (Grignac, 1965 ; Prats, 1966). La classification proposée par Feillet (2000) représenté dans le tableau 01

Tableau 01 Classification botanique du blé dur (Douaer et al.2018)

Règne	Plantae
Sous –règne	*Cormophyte*
Embranchement	*Spermaphytes*
Sous embranchement	*Angiospermes*
Classe	*Monocotylédones*
Ordre	*Commélini florales*
Sous ordre	*Poales*
Famille	*Graminées*
Tribu	*Triticées*
Genre	*Triticum*
Espèce	*Triticumdurum*

4- Les caractères morphologiques du blé dur (*Triticumdurum*)

4-1-Grain

Le grain de blé a une forme ovoïde et présente sur la face ventrale un sillon qui s'étend sur toute la longueur (Figure 0 3). à la base dorsale de la graine, se trouve le germe qui est surmonté par une brosse. Elle mesure entre 5 et 7 mm de long, et entre 2,5 et 3,5 mm d'épaisseur, pour un poids *Compris entre 20 et 50 mg. (*Surget et Barron 2005*).* SelonCalvel*(1983),* la couleur de blé variedu roux au blanc. En rapport avec le pays d'origine, le sol, la culture et le climat (Emilie, 2007)

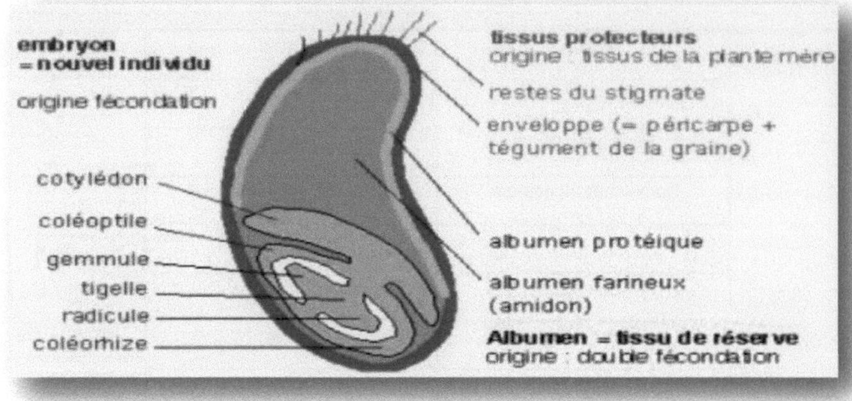

Figure03 . Schéma d'un grain de blé dur (Mossiniak ,2006)

4-2-Racine

Les racines de blé dur sont de type fasciculé peu développé, le système racinaire du blé dur est caractérisé par (Alismail et al., 2017)

➤ **Un système primaire (des racines séminales)**ce système de racines fonctionne de la germination à la ramification de la plante, c'est-à-dire au tallage, (Grignac, 1965), Les racines séminales sont au nombre de 6 (Colnenne et al, 1988).Les racines séminales participent dans la nutrition et le développement de la plante (Belaid ,1987).

➤ **Un Système secondaire (des racines adventives)**qui se forment plus tard à partir des

nœuds à la base de la plante et constituent le système racinaire permanent, (Clarke et al. 2002). Et selon Grignac et al.,(1965), le système secondaire est un système de racines de tallage. Il se forme dèsle tallage et se substitue parallèlement au système séminal. les racines apparaissent plus bas, et presque toutes aux mêmes niveaux (plateau de tallage), et fabriquer une touffe dense. Chaque talle donne naissance à un chaume et a une inflorescence (Belaid ,1987).

4-3-Tige

La plupart des plantes de blé dur ont une tige principale et des tiges secondaires appelées talles. les tiges sont des chaumes, cylindriques, souvent creux par résorption de la moelle centrale, mais chez le blé dur est pleine. Ils se présentent comme des tubes cannelés, avec de longs et nombreux faisceaux conducteurs de sève. Ces faisceaux sontrégulièrement entrecroisés et renferment des fibres à parois épaisses, assurant la solidité de la structure.

Les chaumes sont interrompus par des nœuds qui sont une succession de zones d'où émerge une longue feuille (Soltner, 1990). La tige commence à prendre son caractère au début de la montaison, c'est-à-dire prend sa vigueur et porte 7 à 8 feuilles (Alismail et al, 2017). Selon la variation des espèces et l'environnement, la longueur de la tige complète être varie, mais en général elle varie entre 60 et 150 cm (Mohamed, 2000). La production de talle commence à l'issue du développement de la troisième feuille, à 45 jours environ après la date du semis (Moule, 1971 in Nadjem, 2012).

D'après Mohamed (2000), le nombre de talle dans le blé dur varie de 30 à 100 talles. Cela est influencé par plusieurs facteurs, dont les plus importants : la variété, la fertilité du sol, la densité des plantes et l'intensité de l'éclairage. La plante en générale porte 2à3 talles dans des conditions favorables. Et la formation de talle s'arrêtée temporairement par l'élongation de la tige.

4-4-Feuille

La feuille du blé dur est simple, allongée, alternée et a nervures parallèles (Oudjani, 2008), et elles se composent d'une base (gaine) entourant la tige, d'une partie terminale qui s'aligne avec les nervures parallèles et d'une extrémité pointue. Au point d'attache de la gaine de la feuille se trouve une membrane mince et transparente (ligule) comportant deux petits appendices latéraux (oreillettes). la tige principale et chaque brin portent une inflorescence en épi terminal. (Cherfia, 2010). Selon Casnin et *al.*, 2013,la taille de la feuille croît avec sa position sur la tige, la feuille étendard (ou feuille drapeau) étant souvent la plus grande. Elle est d'environ 30 cm2, et à maturité le plant de blé dispose d'environ 1,5 à 2 m^2.

4-5-Fleur

Les fleurs sont nombreuses, petites et peu visibles (Figure 06). Situés à l'extrémité des chaumes (Sadoukiet al , 2018).Elles sont regroupées l'inflorescence en épi dont l'unité morphologique de base est l'épillet constitué de grappe de fleurs enveloppées de leurs glumelles et incluses dans deux bractées appelées les glumes (inférieure et supérieure) (Gate, 1995).

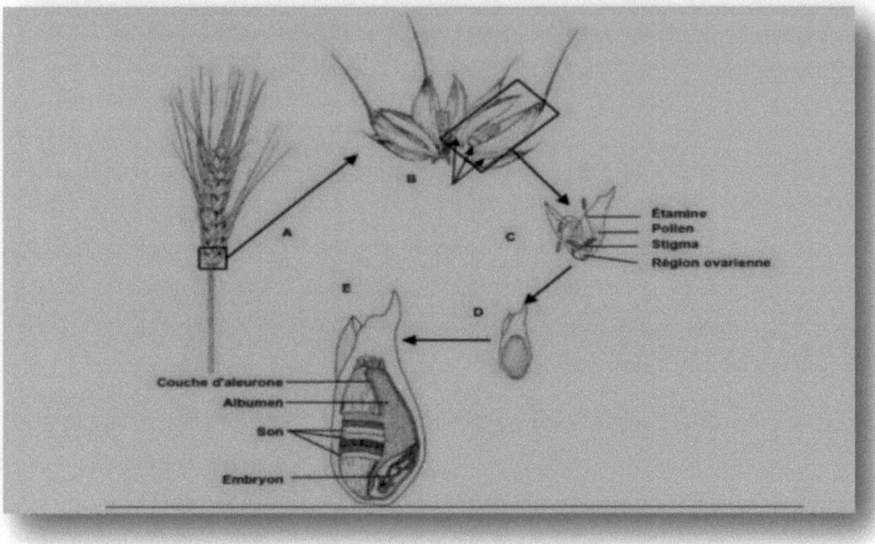

Figure 04 . Fleurs et graine (caryopse)deblé dur (Mekaoussi ,2015)

5- Le cycle biologique du blé dur(*Triticumdurum*)

De graine à graine, le cycle biologique du blé dur se devise en trois périodes successives, chacune comporte des phases et des stades (Figur02)

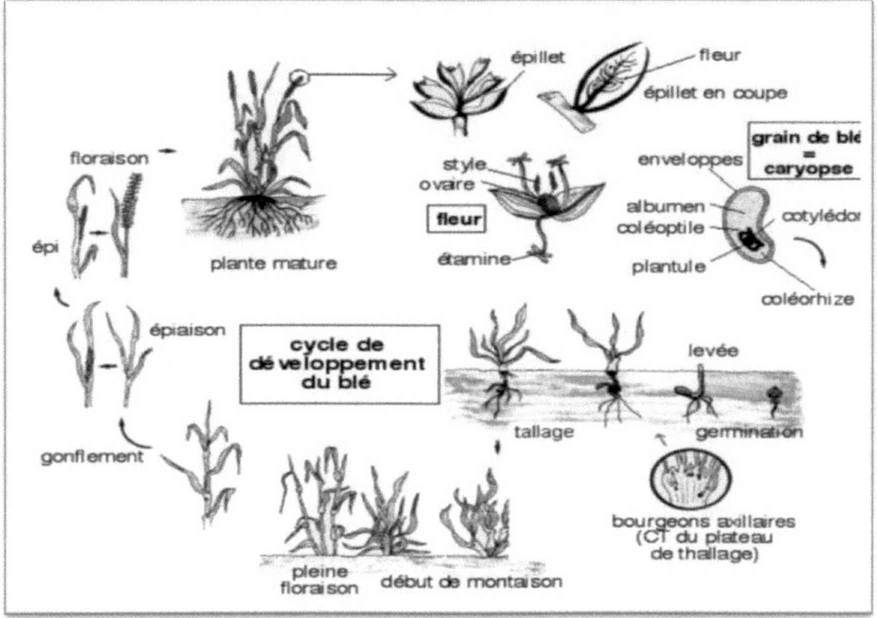

Figure 05 . Cycle de développement du blé dur (Henry et De Buycher ,2000)

La réalisation des différents stades estsous le contrôle de la somme des températures journalières (degré-jour) subie par la plante.

Lasommedes températures, base zéro pour le blé, se calcule ainsi somme degré-jour = (T°C min+T°C max)/2 Il ne faut prendre en considération que les valeurspositives (Hamadache, 2013).

5-1-Période végétative

> **Phase germination-levée**

Cette phase correspond à la mise en place du nombre de pieds/m². Le sol est percé par la coléoptile qui est un étui protecteur de la première feuille (Hamadache, 2013).

La levée estnotée quand 50% des plantes sont sorties de de la terre (Figure I.3). Pendant cette phase, lesjeunes plantes sont sensibles au manque d'eau qui provoque une perte des plantes et au froidqui provoque le déchaussage (Karou et *al.* 1998).

Cette phase s'amorce à partir de la quatrième feuille. La formation de la première talle sefait au stade 3 feuilles. La première talle primaire (maitre-brin) apparaît à l'aisselle de lapremière feuille du blé. La 2èmeet 3^{ème}talle apparaissent à l'aisselle de la 2eme et la 3emefeuille (Hamadache, 2013). Le fin tallage est celle de la fin de la période végétative, ellemarque le début de la phase reproductive, conditionnée par la photopériode et la vernalisationqui autorisent l'élongation des entre-nœuds (Gate, 1995) .

Cependant, (Longnecker et al1993) suggèrent que le tallage ne s'arrête pas à n'importequel stade de développement du blé, mais il est plutôt contrôlée par un certain nombre defacteurs génétiques et environnementaux. Le nombre de talles productives dépend du génotype,de l'environnement et est fortement influencée par la densité de peuplement (Acevedo et al.,2002).

5-2- Période reproductrice
➢
Montaison-floraison

La montaison débute lorsque les entres nœuds de la tige principale se détachent du plateaudu tallage (Belaid, 1987). Selon Baldy (1984) la montaison constitue la phase la plus critiquedu développement du blé. Tout stress hydrique ou thermique au cours de cette phase réduit lenombre d'épis montants par unité de surface.

A l'épiaison, l'épi sort de la dernière feuille. Les épis dégainés fleurissent généralementaprès quelques jours (moins de 7 jours) après l'épiaison.

Les températures élevées et lasécheresse au cours de l'épiaison et de la floraison peuvent réduire la viabilité du pollen et ainsi réduire le nombre de grain (Herbek et Lee, 2009)
➢
Floraison-maturité

La période floraison-maturité correspond à l'accumulation des hydrates de carbone et del'azote dans le grain (Gallais et Bannerot, 1992). Cette période correspond à la formation de la8dernière composante constitutive du rendement qui est le poids de 1000 grains (Robert et al.,1993). Le remplissage du grain, après la floraison, se fait de deux façons ➢Par la migration d'une partie des réserves de la tige.
➢
Par la photosynthèse des partLe rendement en grains, sous système de culture pluviale et sous environnement contraignant, est la résultante de la durée, de la vitesse de remplissage et de la capacité detranslocation des assimilas stockés dans la tige (Abbassenne et al., 1997).

➤ Les fortestempératures au cours de cette période provoquent l'arrêt de la migration des réserves desfeuilles et de la tige vers le grain (échaudage du grain). Puis suit le dessèchement du grain, pouratteindre son poids sec final (Wardlow, 2002)

Le rendement en grains, sous système de culture pluviale et sous nvironnementcontraignant, est la résultante de la durée, de la vitesse de remplissage et de la capacité detranslocation des assimilas stockés dans la tige (Abbassenne et *al*., 1997).

Les fortestempératures au cours de cette période provoquent l'arrêt de la migration des réserves desfeuilles et de la tige vers le grain (échaudage du grain). Puis suit le dessèchement du grain, pouratteindre son poids sec final (Wardlow, 2002).

6- Exigences écologiques du blé dur(*Triticumdurum*)

6-1- Eau

L'eau est un facteur de l'environnement qui influence la quasi-totalité des réactionsPhysiologiques des végétaux. Selon Duthil (1973) ;Catell (2006), des études montrent que l'eau estle principal constituant des végétaux, avec 60% à 80% de leur poids de matière fraîche. Le grain deblé peut absorber de 40 à 65% de son poids en eau mais la germination commence quand il en aabsorbé environ 25% (Prats et al., 1971). Les besoins en eau chez le blé dur dépendent de son cyclede développement et des différentes phases qui le constituent (Merouche et al. 2015). Les besoinsen eau jusqu' à fin tallage sont relativement faibles, Une bonne alimentation en eau Particulièrement importante entre l'épiaison et la floraison et entre les stades grain laiteux et grainpâteux (Clément, 1981).D'après Merouche et al ;(2015) consommation d'eau chez le blédur, divisé comme suit :

✓ **En phase épi 1cm – 2 nœuds:** l'alimentation en eau dure 20 à 25 jours et elle est de 60 mm

✓ **En phase 2 nœuds – floraison:** la consommation d'eau estd'environ160 mm et prend30 à 40jours.

✓ **En phase floraison – grain laiteux:** les besoins en eau demandent 20 à 25 jours et ils sont de140 mm

✓ **En phase grain laiteux – maturité:** une moyenne de 90 mm suffit pour une périodede15 à 20 jours.

6-2- Température

Comme toute plante, le blé dur a un optimum écologique d'où température (Papadakis,1932), la germination commence dès que la température dépasse 0°C, avec températureoptimale de croissance située entre 15 à 22° C, (OE Ondo, 2014). La température est un rôleessentiel dans la vie végétale, c'est le déterminant de la croissance et le développement de la plante(Kamli, 1985). Son action est permanente tout le long du cycle. Elle conditionne l'absorption des éléments nutritifs, l'activité photosynthétique, l'accumulation de la matière sèche et le passage d'unstade végétatif à un autre (Van Oosterom et al.1993 ; Mekhlouf et al., 2006).

Les graines de blénécessitent une somme approximative de température pour germer de80°C à 122°C. Ainsi, plus latempérature moyenne est élevée, plus la durée de germination est courte (Lounis et al. 2017).

La demande du blé dur en température : (Lounis et al, 2017) :

✓ **Phase tallage** Elle débute à partir de 2°C à 3°C et s'accentue entre 15°C à 19°C.

✓ Phase montaisonl'optimal pour cette phase se situe entre 16°C et 18°C.

✓ **Phase épiaison et floraison** les deux phases demandent des températures entre 20°C et22°C.

Remarque, il faut d'abord choisir le bon moment de semis pour éviter tous dégâts causés partempératures critiques et précoces (Lounis et al., 2017).

6-3- Lumière

Le blé est une plante de jours longs. La lumière est considérée comme étant un paramètreclimatique qui entre dans le phénomène de la photosynthèse, les céréales à paille sont des plantes enC3 peu exigeantes en lumière (Merouche et al. ,2015).La lumière est la source d'énergie qui permetà la plante de décomposer le CO2 atmosphérique pour en assimiler le carbone et réaliser laphotosynthèse des glucides. Elle est donc un facteur climatique essentiel et nécessaire pour laphotosynthèse (Diehl, 1975)Selon Baldy (1992), la lumière augmente la capacité du blé dur à se ramifier et augmente laquantité de matière sèche. Ainsi, pour avoir un bon tallage, le blé doit être placé dans les conditionsoptimales d'éclairement. Une durée précise du jour (photopériodisme) est nécessaire pour lafloraison et le développement des plantes (Gouasmi et Badaoui, 2017). Souvent, le début decroissance nécessite une faible intensité lumineuse (500 à 1000 lux) avec une photopériode de 12 à16 heures de lumière (Boukensous et al.2014).

6-4- Sol

Le sol est le support de la végétation, son garde-manger et son réservoir en eau (Girard et al.2005).Le sol agit par l'intermédiaire de ses propriétés physiques, chimiques et biologiques. Ilintervient par sa composition en éléments minéraux, en matière organique et par sa structure, etjouent un rôle important dans la nutrition du végétal, déterminant ainsi l'espérance du rendement engrain (Olioso, 2006). Le blé dur nécessite un sol bien préparé et ameubli sur une profondeur de 12 à 15cm pour les terres patentes (limoneuse en générale) ou 20 à 25 cm pour les autres terres (Ouanzar,2012).

Un sol argilo-calcaire ou limoneux à limono argileux favorise l'enracinement chez le blé dur(Merouche et al., 2015), inversement un sol à texture légère et acide, ou renfermant de fortesteneurs en sodium, magnésium ou en fer, est néfaste pour la culture du blé dur (Merouche et al.,2015).

Merouche et al. (2015), une valeur de pH entre 6,5 et 7,5 semble être favorable pour les cultures de blé. Mais, le blé dur est sensible au calcaire et à la salinité, en effet, le sel peut avoir uneaction défavorable sur le taux de germination, la croissance biologique et la production des grains(Merouche et al., 2015).

6-5- Fertilisation

La fertilisation azote-phosphorique est très importante dans les régions sahariennes dont les solssont squelettique. Le blé dur a besoin de ces trois éléments essentiels suivant

6-5-1-L'azote (N)

C'est un élément très important pour le développement du blé (Viaux, 1980), il permet la multiplication et l'élongation des feuilles et des tiges, et l'augmentation de lamasse végétative.

6-5-2-Le phosphore (P)

C'est un facteur de croissance qui favorise le développement desracines, sa présence dans le sol en quantités suffisantes est signe d'augmentation de rendement.Les besoins théorique en phosphore sont estimés à environ 120Kg de P2O5/ha (Balaid, 1987 inOuanzar, 2012).

6-5-3-Le potassium (K)

Les besoins en potassium des céréales peuvent être supérieurs à laquantité contenue à la récolte 30 à 50 kg de K/ha (Balaid, 1987 in Ouanzar, 2012).

6-6-Vernalisation

Elle consiste en une période de basses températures dont ont besoin les céréales pour l'initiationflorale en automne (Boulal et al.2007).

7-Importance et production du blé dur (Triticumdurum) dans le monde et en Algérie

Le blé dur est une céréale secondaire à l'échelle mondiale. Cette production est surtout localisée dans le bassin méditerranéen d'une part (Europe du Sud, Moyen orient, Afrique du Nord), et en Amérique du Nord d'autre part (Canada central et Nord des USA), où est produit le quart du blé dur mondial (Clerget. 2011). Le blé est une céréale aux enjeux économique très importants. En volume récolté, avec estimation 2518.8Men 2013/2014.

➢ **En Algérie**, Le blé est la première céréale cultivée dans le pays. Elle occupe annuellement plus d'un million d'hectares. La production céréalière de la campagne 2012/2013 a atteint 49.1 million qu'au niveau national, en baisse de 9.000.000 quintaux parrapport à la saison précédente. La sécheresse a frappé en 2013 les zones céréales de l'est du pays. Ce

constat s'est traduit par une hausse de 25% des quantités de céréales importées par l'Algérie. Néanmoins ; cette hausse en termes de quantités n'a pas affecté le facteur d'importation qui a connu une légère baisse de 0,6% par rapport à l'année écoulée.

Les importations ont ainsi atteint 3,16 milliards de dollars en 2013, contre3.18 milliards de dollars à la même période en 2012 reculant de 0.62%.Malgré le triplement de sa production depuis l'indépendance du pays en 1962, l'Algérie, reste un des plus gros importateurs de céréales dans le monde (Amarn, 2014).

8-Le Tallage

Le tallage, en botanique et chez les Poacées (Graminées), distinguent les nœuds inférieurs Développent des racines adventives et des bourgeons adventifs qui aboutissent à la formation d'une touffe. C'est la formation de pousses latérales, qui proviennent des nœuds basaux, souterrains, généralement de ceux situés le plus près de la surface de la terre (Michel et Jean-

Louis, 2011). Mode de développement de certaines graminées (la plupart des céréales à paille), qui consiste en la formation d'un plateau de tallage puis à l'émission de talles. Stade physiologique correspondant à l'émission des talles. finalement, le nombre de talles émises par plante caractérisera le tallage herbacé. Celui-ci sera principalement fonction : de l'espèce, la variété utilisée, climat (températures) de l'année ou de la région, l'alimentation de la plante, et de la profondeur du semis.

8-1- L'origine des talles

Selon Moule (1971), le tallage est caractérisé par l'entréeen croissance des bourgeons différenciés à l'aisselle de chacune des premières feuilles: il s'agit donc d'un simple processus de ramification, La première talle (T1) apparaît généralement à l'aisselle dela première feuille lorsque la plante est austade «4 feuilles ». Cette talle est constituée d'une pré-feuille entourant la première feuille fonctionnelle de le talle qui elle-même encapuchonne les autres, puis l'apparaissent les talles de 2ème, 3ème, et 4ème feuilles (Figure 09), à partir des bourgeons ayant pris naissance à l'aisselle des feuilles correspondantes. Ces talles sont dites talles primaires.

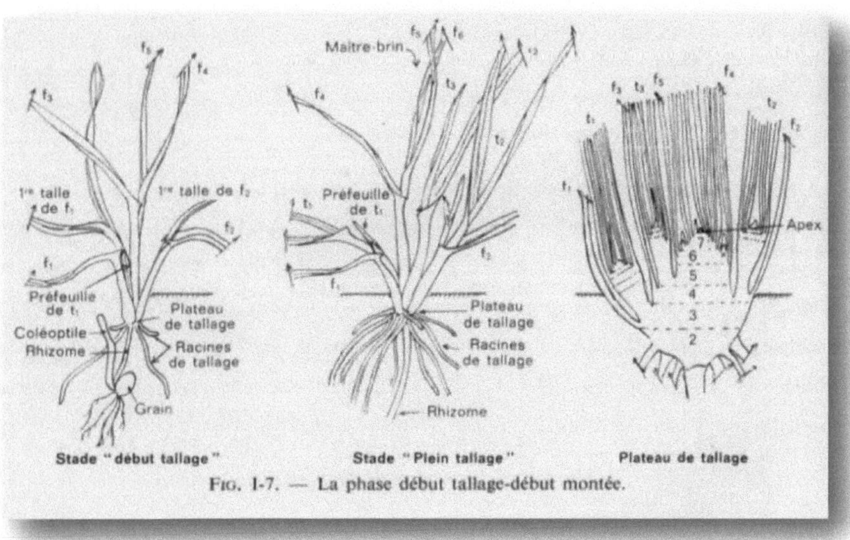

Fig. I-7. — La phase début tallage-début montée.

Figure 06 . Plateau de tallage zone du collet ou sont émises les talles(Agric, 1977)

Chaque talle primaire va émettre des talles secondaires qui elle donne des talles tertiaires.

L'aptitude à émettre en plus ou moins grand nombre des talles secondaires et tertiaires est une caractéristique spécifique et aussi variétale.

8-2-La formation de plateau du tallage

Selon Ducreux (2002), chez les plantes céréalières, la ramification se situe au point de contact entre la racine et la tige, il peut y avoir jusqu'à 30 branches, selon le type de plante (Evan, 1975). Après l'émergence de la troisième feuille un phénomène appelé «Pré-Tallage" se produit, la deuxième phalange qui porte le bourgeon terminal est allongée à

l'intérieur de la Coléoptile (Jonard, 1951), il s'arrête à 2 cm sous la surface quelle que soit la profondeur de la plante. De nouvelles racines apparaissent au stade de la quatrième feuille avec l'émergence dela première talle au niveau de la base de la branche.

Selon Michéle et al., (2006),après le début de la germination, l'entre-nœud n°2 (E2) s'allonge fortement jusqu'àdeux cm de la surface. Les entre-nœuds suivants (E3, E4) restent courts. Les bourgeons axillaires formés à l'aisselle des feuilles (F1, F2) se développeront pour donner de nouvelles tiges feuillées, les talles (T1, T2), Donc c'est la formation de plateau de tallage.

8-3-L'architecture du plateau de tallage

Les talles sont identifiés à l'aisselle de la feuille, ou prophylle ou à la Coléoptile qui en est apparu (émergent) (Bos et al.1998). Les talles qui poussent à partir des bourgeons dans le plateau de tallage ils sont appelés talle primaires, le tallage initial est déterminé à partir de l'aisselle des bourgeonnes principales des premières feuilles de la tige principale et appelé (T1, T2, T3 ......), les talles secondaires qui montrent à l'aisselle du feuillet de T1,T2 et appelées T1.1, T2.2, T3.3,ect, Quant aux talle qui produites à partir de prophyll, elles s'appellent T1.0 T2.0 T3.0 …,(Moeller et al., 2014) (figure 10).

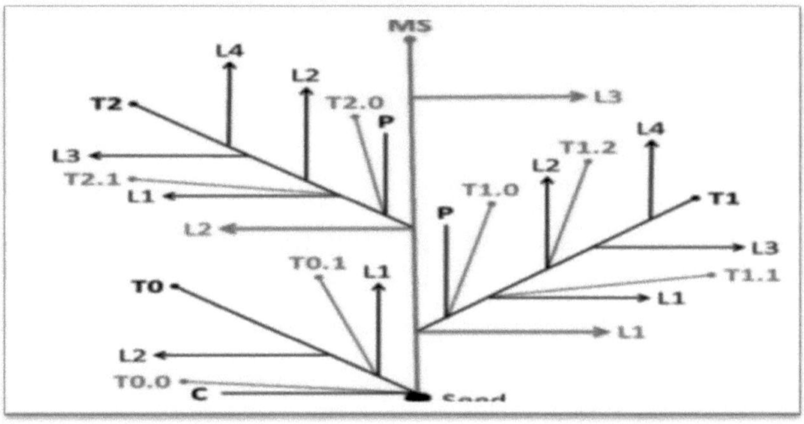

T0:talle de Coléoptile C. **T1.1 T2.2** : talle secondaire

L1, L2, L3 : feuille. **T1.0 T2.0** : talle de prophyll P.

T1 T2 T3 : talle première. **MS** : tige principale. **T**: talle. **L** : feuilles. **C** : *Coléoptile.*

Figure 07 . La formation ou l'architecture sur la tige

Moller et *al,* 2014inZeddig, 2019

9-Facteur qui influencent et favorisent le tallage

Selon Moule (1971) le nombre de talles potentielles est tributaire des facteurs suivants :

✓ Le choix de la variété du type de blé dur les variétés diffèrent dans leur capacité de tallage et leur vitesse d développement.

✓ La date des semis un ensemencement précoce augmente le nombre de talles par plante.

✓ La dose de semis plantée une dose élevée produit davantage de tiges principales et moins de talles.

✓ Le conditionnement du sol/des lits de semence la médiocrité des lits de semence et la compaction ralentissent le développement initial des talles.

✓ La lutte antiparasitaire contre les limaces, par exemple.

✓ Le statut nutritif du sol : un sol fertile (à forte teneur en azote) favorise l'augmentation du nombre de talles.

De façon générale, plus le semis est réduit et l'ensemencement précoce, plus le nombre de talles par plante est élevé.

Le nombre final de tiges dépend du nombre de talles qui survivent et produisent des épis. Le nombre de talles et leur taux de survie sont influencés par

✓ Les conditions météorologiques automnales et hivernales (pour le blé d'hiver).

✓ Le froid ralentit l'induction des feuilles et de talles.

✓ L'application de régulateurs de croissance végétale ils servent généralement à réduire la dominance apicale et à augmenter la quantité et le taux de survie des talles.

✓ Les applications azotées elles augmentent la dimension des feuilles et le nombre de talles, ainsi que leurs chances de survie.

ChapitreII : Généralités sur la modélisation du croissance

I. Contexte et enjeux

Les plantes jouent unrôle indispensable à la survie de l'être humaine et l'équilibre de notre écosystème. Depuis les débuts de l'agriculture, l'homme cultive certaines variétés de plantes pour subvenir à ses besoins, en particulier pour se nourrir, se vêtir, se chauffer, ou, plus récemment, produire des biocarburants ou extraire des molécules d'intérêt thérapeutique. Bien souvent, pour le bon déroulement de leur développement, ces plantes nécessitent au cours de leur cycle de croissance des quantités des éléments nutritifs et d'eau (Brisson et al, 2002).

La fertilisation c'est une étape très importante pour assurer la bonne croissance et développement des cultures et aussi le meilleur rendement, certains nombres d'éléments nutritifs sont très important pour que les cultures être en bonne croissance, L'optimisation des stratégies de fertilisation constitue un enjeu important enagronome, que les approches basées sur la modélisation pourraient permettre de traiter.

II. La modélisation agronomique

La modélisation est couramment utilisée dans le domaine de l'agronomie pour aider les chercheurs et les scientifiques à mieux comprendre les liens complexes entre les actions humaines, le contexte pédoclimatique et les réponses de l'agro écosystème. Mais aussi dans un objectif d'aide à la décision, les modèles permettent d'analyser de manière systémique les conséquences d'une modification de la conduite d'une culture et d'évaluer les risques associés à de telles modifications.

III. Importance de la modélisation en agronomie

Apparue dans le champ de l'agronomie il y a 25 ans avec les travaux de de Wit (1978) sur la photosynthèse et la respiration, la modélisation y occupe aujourd'hui une place conséquente. Profitant ainsi des possibilités ouvertes par le développement de l'informatique, elle est devenue l'outil incontournable qui permet de connaître, et de comprendre les mécanismes impliqués dans la production des cultures et d'en inventer de nouvelles techniques. En effet, la simulation à travers les modèles de cultures offre d'une part l'opportunité d'extrapoler les connaissances acquises par un petit nombre d'expérimentations à une plus large gamme de conditions.

D'autre part, elle permet de quantifier simultanément les effets de différents facteurs sur les performances du système étudié (Boote et al. 1996). Elle offre aussi la possibilité d'explorer une gamme plus vaste de situations dans un intervalle de temps restreint (Semenov et al. 2009). En outre, les modèles sont des outils qui donnent l'accès à une diversité d'indicateurs difficilement accessibles par expérimentation telles que les flux de solutés ou de composés gazeux. Ils permettent aussi d'appréhender des évolutions à très long terme de systèmes de culture.

IV. Notions de base sur la modélisation

Un modèle est « une formulation simplifiée qui imite les phénomènes du monde réel de telle sorte qu'il nous permet de comprendre des situations complexes et de faire des prévisions. Dans leur forme la plus simple, les modèles peuvent être verbaux ou graphiques, c'est-à-dire être faits d'énoncés concis ou de représentations picturales » (Odum, 1975) in (Gate, 1995).

Un modèle peut s'exprimer sous la forme mathématique simple suivante (Minet &Tychon, n.d.) :

Équation 1

$$M\,(x.\,p)$$

Où Y représente la (les) variable(s) expliquée(s) par le modèle (la variable de sortie) ; X la ou les entrées du modèle et p les paramètres du modèle (Minet &Tychon, n.d.). les variables d'entrée sont les variables observées ou mesurées et qui se retrouvent dans toutes les situations où le modèle est appliqué. Pour des modèles éco physiologiques pouvant décrire la croissance et le développement des cultures, il peut
s'agir des données météorologiques, des caractéristiques liées à la pratique culturale (date de semis, dates et doses d'apport de fertilisant), etc. (Dumont et al. 2012). les paramètres du modèle sont des valeurs qui sont constantes pour toutes les situations étudiées. Pour revenir aux modèles éco physiologiques, les paramètres de ceux-ci peuvent être les teneurs en eau à lacapacité au champ et au point de flétrissement. Pour

chaque horizon de sol, ces valeurs sont des constantes permettant de calculer la réserve en eau du sol (Dumont et al. 2012). Il est donc important de trouver les meilleurs paramètres possibles afin d'avoir des valeurs en sortie qui correspondent aux observations. c'est pourquoi, l'étape de calibration est un stade important dans la création des modèles (Minet &Tychon, n.d.). celle-ci fera l'objet d'un point suivant.

4-1-Types de modèles

Il existe différents types de modèles. Parmi ceux-ci, deux types ont été retenus :

4-1-1- Les modèles statistiques

Construits à partir des lois statistiques, ces modèles sont basés sur des relations comme par exemple la régression à une ou plusieurs variables explicatives. Ils sont simples d'utilisation et permettent d'identifier rapidement les variables explicatives les plus déterminantes (Gate, 1995).

4-1-2- Les modèles mécanistes

Ces modèles sont plus complexes car ils intègrent les principaux processus intervenant dans le système étudié (El Hassani &Persoons, 1994). Par exemple, pour les modèles utilisés en écophysiologie, le but est de reproduire les réactions de la plante ou de la culture. Ils sont basés sur des lois et des fonctions physiologiques connues. Différentes données d'entrée viennent alimenter ces modèles : données d'origine interne concernant les propriétés des plantes (génétique, etc.) et des données d'origine externe (données météorologiques, pédologiques, …) (Gate, 1995 ;Rauff& Bello, 2015). la principale difficulté de ces modèles est leur validation (El Hassani &Persoons, 1994).

4-2- Création des modèles

La première étape de la création d'un modèle consiste à acquérir des connaissances sur le phénomène que l'on souhaite étudier. Celles-ci permettront d'avoir une base pour différents choix notamment pour les facteurs explicatifs. Ensuite, il sera important de définir le domaine d'utilisation du modèle, ce qui permettra de délimiter son plan d'expérience (Gate, 1995).

La dernière étape comporte la construction proprement dite et donc le choix des outils mathématiques ou statistiques qui permettront le traitement des données. Ce choix sera fait en fonction du type de données à exploiter et de l'usage du modèle (Gate, 1995).

4-3 Calibration des modèles

La calibration d'un modèle consiste à ajuster les paramètres de celui-ci afin d'améliorer la prédiction des variables de sortie. La calibration a donc pour but d'améliorer le modèle. Cette opération est réalisée dans des conditions climatiques ou autres bien déterminées en fonction de la zone d'étude sur laquelle le modèle sera utilisé. Une fois réalisé, le modèle calibré aura une valeur prédictive plus locale qu'universelle (Minet etTychon, n.d.).

4-4-Validation des modèles

La phase de validation est une étape clé dans la conception des modèles. En effet, elle va déterminer si celui-ci rend compte ou non du phénomène étudié avec suffisamment de précision ou encore si toutes les situations sont expliquées avec le même niveau de précision (Gate, 1995).

La première démarche de la validation peut être la comparaison des valeurs observées et simulées à l'aide de tests statistiques. De plus, l'analyse des erreurs résiduelles entre les valeurs simulées et les valeurs observées est souvent envisagée afin d'évaluer les performances du modèle (Dumont et al, 2012).

La méthode la plus simple consiste à calculer la différence entre la variable mesurée ( ) et la variable estimée par le modèle (γ) :

Équation 2

$$\gamma - \gamma'$$

Le biais pourra alors être calculé comme suit :

Équation 3

$$\sqrt{\underline{-\quad \Sigma\quad}}$$

Dans cette équation, N représente le nombre de couples de valeurs (mesuré – estimé). Cependant, cette méthode est insuffisante pour juger de la qualité d'un modèle. C'est pourquoi, la racine carrée de l'erreur quadratique moyenne (Rmse, RootMean Square Error) est utilisée (Dumont et al, 2012).

Équation 4

$$\sqrt{\underline{-\Sigma(\quad\quad)}}$$

Il est aisé d'interpréter la valeur obtenue par la RMSE car elle s'exprime dans les mêmes unités que les valeurs observées. Toutefois, il convient de rester vigilant sur le sens de cette valeur car un poids plus important aux erreurs les plus grandes est donné par la mise au carré du biais. La valeur idéale pour l'erreur quadratique moyenne est 0 (Dumont et al., 2012).

V. Le modèle de régressionlinéaire simple

La régression linéaire est une méthode de modélisation permettant d'établir une relation linéaire entre une variable continue dite "variable expliquée" ou dépendante et un ensemble d'autres variables continues dites "variables explicatives" ou indépendantes.

Plus spécifiquement elle propose un modèle explicatif qui permet de prédire la variable dépendante en fonction des variables indépendantes.

Ce module est consacrée à l'étude de la régression linéaire simple pour modéliser la re-lation prédictive entre la variable dépendante et une seule variable indépendante. Cette modélisation permet d'élaborer les concepts de base de la régression à plusieurs vari-ables.

La régression peut servir à remplacer une variable difficile à observer par une autre variable qui elle est relativement simple à mesurer.(Louis , 2016)

5-1-Droite de régression

Pour commencer, utilisons le modèle le plus simple pour exprimer la relation entre X et Y. En effet, la relation entre les deux caractères est représentée graphiquement par une droite de régression $y = a.x + b$.

Aussi, la droite passant le « plus au milieu » du nuage de points correspond à la droite pour laquelle la somme des carrés des écarts verticaux de ses points est minimale. C'est à dire que notre modèle va prendre en compte la dispersion du nuage de points pour calculer les coefficients estimés a et b de l'équation de la droite de régression. En mathématiques, cette méthode se nomme **la droite des moindres carrés**.(Guillaume, 2020)

Pour cette méthode, nous obtenons les coefficients suivants:

$$a = \frac{(\quad)}{(\quad)} \; = \; \_\Sigma$$

$$b = \; {}^- - a\,{}^{--} = \qquad \_\Sigma$$

5-2-Variance expliquée et variance résiduelle

Comme nous l'avons vu précédemment, la méthode des moindres carrés permet d'obtenir la droite qui minimise la somme des carrés des écarts entre les valeurs Y prédites et les valeurs Y observées. Cela revient à considérer que la régression peut s'écrire $Y = a.x + b + \varepsilon$, où **ε est la variable aléatoire de l'écart** vertical pour chaque point avec la valeur prédite (lignes vertes sur le graphique précédent).

Tout d'abord, nous pouvons démontrer que les variables aléatoires **a.x + b** et **ε** sont indépendantes. Nous obtenons ensuite deux formules de variances, la variance expliquée **Var(a.x+b)** et la variance résiduelle **Var(ε)**. Enfin, ces variances peuvent ensuite être prises en compte dans des tests d'hypothèse du coefficient de corrélation.(Guillaume, 2020)

5-3- Qualité de la régression

Enfin, la régression linéaire permet d'attribuer un indicateur de qualité appelé **coefficient de détermination R^2** . Cet indicateur est bien connu des utilisateurs de MS Excel, puisqu'il peut être obtenu en même temps que le tracé et l'équation de la droite de régression.

Pour l'obtenir, il faut donc procéder à une comparaison des écarts entre le nuage de points et le modèle prédictif obtenu. A partir du tracé de la droite de régression (y_i), du centre de gravité ($\bar{y}$) et du nuage de points ($\hat{y}_i$), nous calculons le **tableau d'analyse de variance** suivant :

Tableau . 2Analyse de variance en régression linéaire

Source de variation	Définition	Formule
SCE	Somme des Carrés Expliqués	$SCE = \sum(\hat{y}_i\text{-}\bar{y})^2$
SCR	Somme des Carrés Résiduels	$SCR = \sum(y_i\text{-}\hat{y}_i)^2$
SCT	Somme des Carrés Totaux	$SCT = SCE + SCR$

Le calcul de SCE et SCR évoque d'ailleurs en partie le calcul d'une variance, car nous avons bien la somme des écarts à une valeur de référence mise au carré.

———   ———

La valeur de R^2 est ensuite prise en compte dans notre réflexion. **$R^2 = [0;1]$** .

- **Si $R^2 = 0$** alors le modèle n'explique rien, les variables X et Y ne sont pas corrélées linéairement.
- **Si $R^2 = 1$** alors les points sont alignés sur la droite, la relation linéaire explique toute la variation.
- Entre ces deux valeurs, à vous de juger si la relation linéaire est valide ou non

En conclusion, ce coefficient de détermination permet aussi de juger de la corrélation entre nos deux variables aléatoires X et Y. Cependant attention à **l'effet cigogne** ! Corrélation n'est pas causalité, et les statistiques s'arrêtent là où la raison prend le pas. Il vous faudra donc vous plonger dans la bibliographie scientifique pour conclure à la pertinence biologique de votre régression linéaire…(Guillaume, 2020)

Chapitre III: Matériels et méthodes

I. Localisation de l'expérimentation

Ce travail aété réalisé au niveau de Jardin de l'université de 20aout 1955 à Skikda, faculté des sciences, département d'agronomie hors sol.

II.Matériel utilisée

2-1-Matériel de laboratoire

nous avons utilisé les outils suivants

- Balancenumérique
- Azote
- Boite de pétri
- spatule

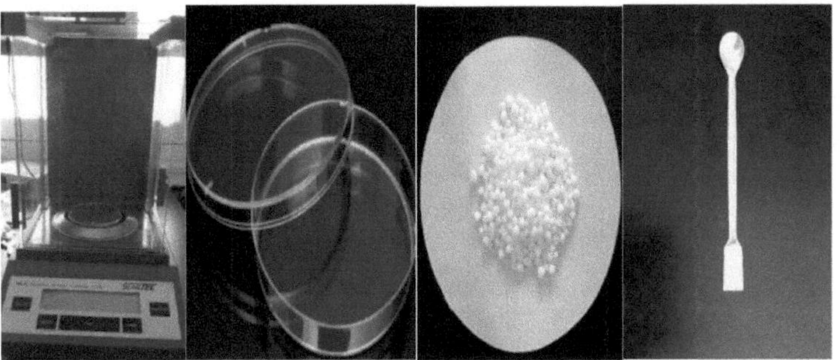

Balance numérique   Boite de pétri   Azote   spatule

2-2-Matériel de culture

nous avons utilisé les outils suivants

- Pot
- Sol
- Pelle
- Hache

2-3-Matériel végétale utilisé

L'étude a porté sur quatrevariétés de blé dur (Triticumdurum), locale et importé, il s'agit des variétés : Amar 06, Antalis, Simeto et oued el bared. Fournis par La filiale, Constantine céréalière, le complexe industriel et commercial d'El Harrouch (Agrodiv).

L'origine de ces variétés est regroupée dans **le tableau 04** suivant

Tableau 03 Le pédigrée, l'origine des variétés étudiées

Nom	Pedigree	Origin
Simeto	Capeiti x valvona	Itali
Antalis	S/BitSCD26406	Itali
Amar 06	ID94.0920-C-OAP.7AP	Algeria
Oued el bared	GTA dUR /OFANTO-DZ-ITGC-SET-008-2004/2005-15-3S-0S	Algeria

III. Caractéristiques pédologiques

Le sol est un support de la végétation et de la culture, les propriétés physiques et chimiques des sols ont une influence considérable sur le rendement et le bon tenu des cultures.

Tableau N° 04présente les caractéristiques pédologiques du sol utilisé dans notre étude.

Eléments	Moyenne
Ph	6,6
Conductivité (ms/cm)	/
C/N	/
Carbonates (%)	/
Potassium (ppm)	0,5
Magnésium (meq/100g)	4,0
Calcium (meq/100g	8,6
Sodium (meq/100g	0,7
Argile (%)	320
Sable (%)	220
Limon (%)	210

IV. Méthode expérimentale

L'essai dans des pots en plastique d'un diamètre de 14 cm et d'une hauteur de 16 cm (figure08) s'installent-au Jardin de l'Université de Skikda(Complexe Massoud Boukadoum Ont été utilisés, répartis entre 4 génotypes, avec une moyenne de 8 répétitions pour ce génotype, ainsi:

4 génotypes x 8 itérations = 32 unités expérimentales réparties.

Selon le tableau 05 répartition des unités expérimentales**(Disposif expérimentale)**

Variétés Répétitions	Variétés			
	G1 (1)	G2(1)	G3(1)	G4 (1)
	G1 (2)	G2(2)	G3(2)	G4 (2)
	G1(3)	G2(3)	G3 (3)	G4 (3)
Répétitions	G1(4)	G2(4)	G3 (4)	G4 (4)
	G1(5)	G2(5)	G3(5)	G4(5)
	G1(6)	G2(6)	G3(6)	G4(6)
	G1(7)	G2(6)	G3	G4

Figure 08 . la mise en culture dans le sol des variétés étudiées.

4-1-L'imbibition et la germination

Ce travail a été réalisé au niveau de la serre ,et de laboratoire de chimie du sol de l'université de 20aout 1955 à Skikda ,faculté des sciences ,département d'agronomie, , les graines de blé dur (*Triticumdurum.*) ont été placées dans l'eau distillée pendant 24 heures pour l'imbibition le 19/12/2022 .

Ensuite, les graines ont été mises à germination dans des boîtes de Pétri recouvertes de deux couches de papier de soie humidifié avec de l'eau distillée à la température du laboratoire, où nous avons exposé un groupe de plantes à la lumière et placé le second groupe dans l'obscurité totale (Figure.09).

Nous avons suivre les graines tant que nous gardons les graines humides jusqu'à l'émission de coléoptile et la première feuille, pour faire la plantation dans le sol.

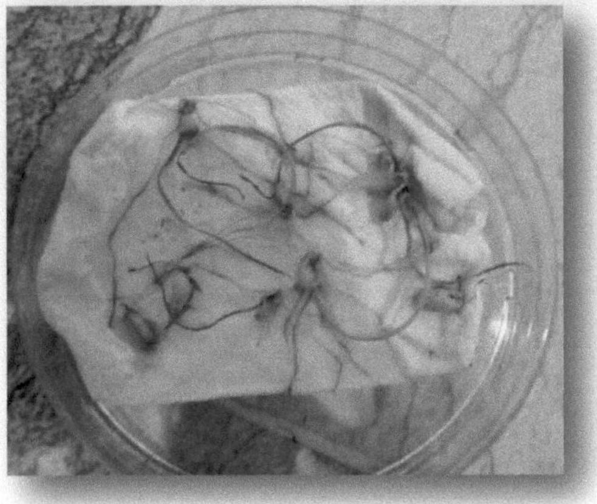

Figure 09. Test de germination des graines.

4-2-La plantation

Le semis est réalisé le 25/12/2022 à une densité de 4 grains (graines germée) par pot, à une profondeur approximative de 1.5 cm à la main.

Figure 10la plantation des graines

4-3-L'arrosage

Les plantes sont arrosées régulièrement deux fois par semaine avec de l'eau normale au besoin jusqu'à la fin du cycle biologique.

Les conditions expérimentales ont été réalisées dans des conditions naturelleset ont été standardisées dans des expérimentations en termes de milieu de culture (sol) et de conditions climatiques (quantitééclairage, température et arrosage).

4-4-Itiniraire technique

L'essai est entretenu régulièrement par des désherbages manuels et par un apport supplémentaire d'une Ajout d'azote à quatre des huit pots de chaque variété à la surface des pots au stade tallage (après l'émission de la 4èmefeuille) le 21/03/2023. En ajoutant 4g chaque pot. Parce qu'il corrige le manque de nutriments dans le sol .

4-5-La récolte Elle est effectuée manuellement à fin de mois d'... pour toutes les variétés.

Figure . 11 la récolte manuelle des variétés **Figure 12** la récolte manuelle des avec traitement variétés sans traitement

V. La fertilisation de l'azote

Nous ajoutons d'azote à quatre des huit pots de chaque répétitions à la surface des pots au stade tallage (après l'émission de la 4èmefeuille) le 21/03/2023

où nous avons utilisé cette relation pour calculer le dosage d'azote ajouté.

$$1h \quad 2000000g$$

$$S \quad X$$

En appliquant la relation, nous constatons que dans l'espace de chaque pot 200,96 cm nous mettons Dosage 4.01gnous pesons4.01g d'azote et le mettre dans chaque pot.

VI. Les paramètres mesurés

7-1 -Caracteres morphologiques

7-1-1Le nombre des talles

A été déterminée en choisissant huit pots dans chaque variété quatre pots avant le traitement et quatre pots après le traitement (la fertilisation azotée) er comparée les résultats.

7-1-2- Hauteur de la plante

Les longueurs des plants ont été mesurées depuis le début de la tige jusqu'à la fin des barbes pendant la phase de maturation.

7-2-Composantes de rendement

7-2-1-Le nombre d'épis par pot (NE/pot)

A été compté directement le nombre d'épis à chaque pot.

7-2-2-La langueur d 'épis

La langueur de l'épis a été calculer à partir de l'éxprémité du col de l'épis jusqu'au sommet de l'épis final.

7-2-3-Le nombre des grains/épis

A été compté directement le nombre des grains par épi.

7-2-4- Le poids de 1000 grains

Le point de 1000grains a été estimé à partir des grains disponibles.

7-2-5-La dose de l'azote

A été déterminé en choisissant quatre répétitions de huit à chaque variété.

VII. Méthodes d'analyse statistique

L'analyse statistique des données obtenues a été réalisée en utilisant le logiciel Excel stat ANOVA pour l'analyse de la variance.

I. L'étude morphologique de tallage

D'après nos résultat, cette étape commence par l'élongation de la tige et l'émergence de la première feuille jusqu'à l'émergence de la septième (07) feuille. Au cours du suivre les plantes, nous avant inscrit les dates dans le tableau 06 suivant

Tableau 06 . les dates d'émission des feuilles.

Variété / N des feuilles	Siméto	Oued el bared	Amar 06	Antalis
1èr feuille	7 jours	8 jours	7 jours	8 jours
2èmefeuilles	15 jour	18 jour	17 jour	17 jour
3ème feuilles	29 jour	31 jour	30 jour	31 jour
4ème feuilles	36 jour	39 jour	38 jour	40 jour
5 ème feuilles	45 jour	46 jour	45 jour	47 jour
6 ème feuilles	55 jour	57 jour	56 jour	57 jour
7 ème feuilles	62 jour	64 jour	63 jour	63 jour

Nous avons inscrit les dates de l'émission des talles des variétés étudiées dans le tableau 8 suivant

Tableau 07 . les dates d'émission des talles

Variétés N des talles	Siméto	Oued el bared	Amar 06	antalis
1 talle	36 jour	38 jour	37 jour	38 jour
2 talles	43 jour	45 jour	44 jour	45 jour
3 talles	50 jour	/	/	/

Nous avons suivre l'apparition des talles (du stade début tallage jusqu'à stade fin tallage).

D'après no résultat L'apparition de la 1ére talles est commencée lorsque l'émission de la septième feuille, la formation des talles s'accompagne de la formation des racines adventives afin de répondre aux besoins Nutritionnels de ces nouveaux organes.

II.   **Effet des dose d'azote sur les composants des rendements 2-**

      1- Effet de la dose d'azote sur le nombre des talles

✓

    Avec traitement (la fertilisation azotée)

L'étude de l'évolution du nombre des talles chez les quatre variété après le traitement (ajoute l'azote) figure 13, ce résultat a montré que les composants répond positivement à la fertilisation azotée de sorte que les résultat enregistrées donne que le entre 12 et 7 talle, en échange les valeurs le plus faibles été enregistrée cher les variété Antalis et Oued el bared entre 10 et 5 talle. le résultat donné a montré que l'azote augmente le nombre des talle donc la fertilisation azotée améliorer le tallage.

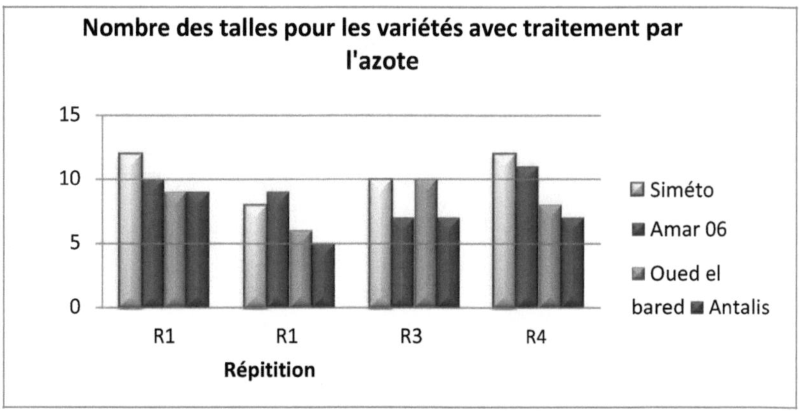

Figure N°13 . nombre des talles pour les variétés avec traitement par l'azote

Tableau 08 . nombre des talles pour les variétés avec traitement par l'azote

N° des talles variété	R1	R2	R3	R4	—	Variance	
Siméto	12	8	10	12	10,5	3,66	1,91
Amar 06	10	9	7	11	9,25	2,91	1,70
Oued el bared	9	6	10	8	8,25	2,97	1,71
Antalis	9	5	7	7	7	2,66	1,63

✓ **sans traitement**

l'étude de l'évolution du nombre du talle chez les quatres variétés sans traitement par l'azote (Figure N°14) à montré que le nombre pesaient entre 6 et 1 talle ou les valeurs le plus élevée ont été enregistré chez la variété siméto avec 6 talles et amar 06 5 talles alors que les valeurs les plus faibles été enregistrée chez les variété oued el bared et antalis entre 4 et talle .

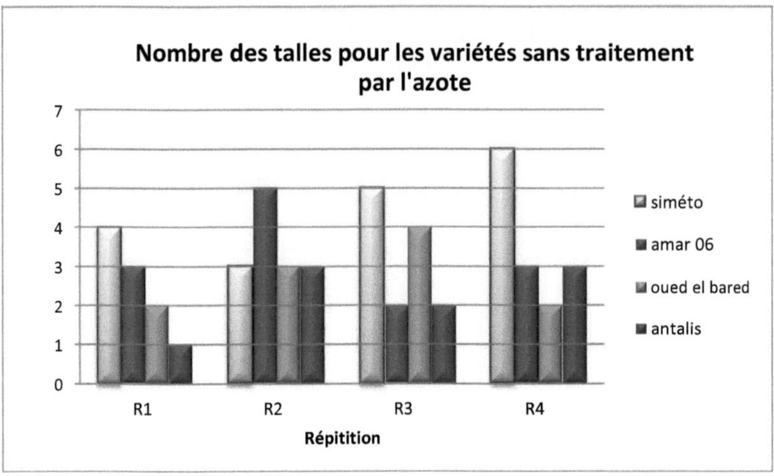

Figure N°14 . nombre des talles pour les variétés sans traitement par l'azote

Tableau 09 . nombre des talles pour les variétés sans traitement par l'azote

N° des talles / variété	R1	R2	R3	R4	‾	Variance	
Siméto	4	3	5	6	4,5	1,66	1,28
Amar 06	3	5	2	3	3,25	1,58	1,25
Oued el bared	2	3	4	2	2,75	0,91	0,95
Antalis	1	3	2	3	2,25	0,91	0,95

2-2- Effet du dose d'azote sur la hauteur de la plante

✓ **Sans traitement**

l'étude de l'évolution de la hauteur de la plante chez les quatre variétés sans traitement par l'azote (Figure N°15), a montré que la hauteur entre 55 cm et 49cm ou les valeurs le plus élevée ont été enregistré chez la variété siméto avec 55cm et amar06 avec 50cm alors que les valeurs les plus faibles été enregistrée chez les variétés oued el bared et Aantalis entre 44 cm et 48cm.

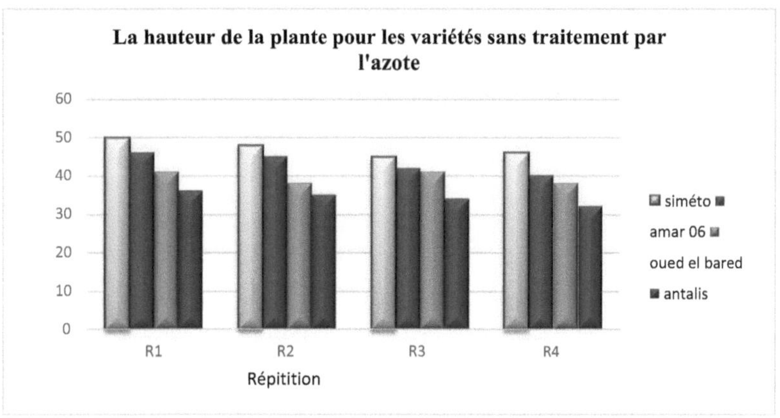

Figure N°15 . la hauteur de plante pour les variétés sans traitement par l'azote

Tableau 10 . la hauteur de plante pour les variétés sans traitement par l'azote

N° des talles variété	R1	R2	R3	R4	$\overline{}$	Variance	
Siméto	50	46	41	36	43,25	36,91	6,07
Amar 06	48	45	38	36	41,5	36,33	6,02
Oued el bared	45	42	41	34	40,5	21,66	4,65
Antalis	46	40	38	32	39	33,33	5,77

✓ **Avec traitement (la fertilisation azotée)**

L'étude de l'évolution de la hauteur de la plante chez les quatre variétés après le traitement (Figure N°16), ce résultat a montre que les compasants répond positivement à la fertilisation azotée de sorte que les résultat enregistrées donne que la hauteur de la plante entre 36 et 63 cm , les valeurs les plus élevé été enregistrée chez les variétés Siméto et Amar 06 entre 50 et 63 cm , en échange les valeurs le plus faibles été enregistrée chez les variété Antalisbared entre 36 et 45 cm . Le résultat a démontré que la fertilisation azotée améliore la hauteur de la plante.

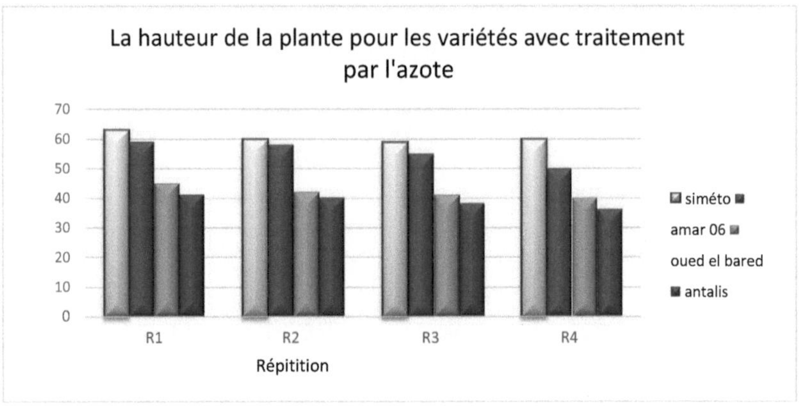

Figure N°16 . la hauteur de plante pour les variétés sans traitement par l'azote

Tableau 11 . la hauteur de plante pour les variétés sans traitement par l'azote

N° des talles / variété	R1	R2	R3	R4	—	Variance	
Siméto	63	60	59	60	60,5	3	1,73
Amar 06	59	58	55	50	55,5	16,33	4,04
Oued el bared	45	42	41	40	42	4,66	2,15
Antalis	41	40	38	36	38,72	5,70	2,38

2-3- Effet de la dose d'azote sur le nombre d'épis/pot

✓ **Sans traitement**

L'étude de l'évolution du nombre d'épis chez les quatre variétés sans traitement par l'azote (Figure N°17), à montré que le nombre d'épis par pot entre 6 et 1 épi ou les valeurs le plus élevée ont été enregistré chez la variété Siméto avec 6 talles et Amar 06 avec 5 talles alors que les valeurs les plus faibles été enregistrée chez les variétés Oued el bared et Antalis entre 4 et 1 épi.

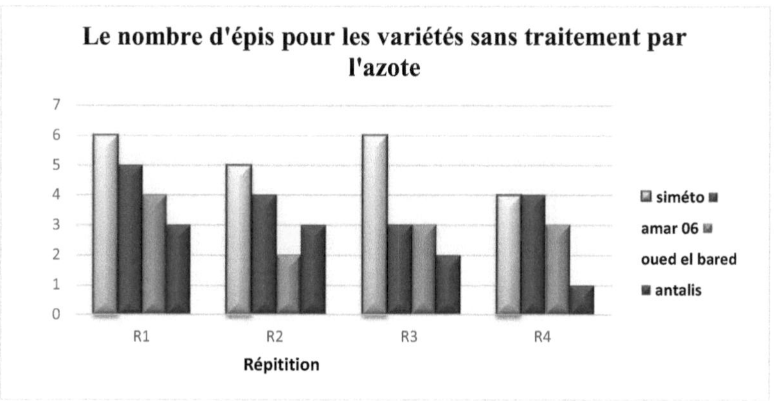

Figure N°17 . le nombre d'pis pour les variétés sans traitement par l'azote

Tableau 12 . le nombre d'pis pour les variétés sans traitement par l'azote

N° des talles / variété	R1	R2	R3	R4	$\overline{}$	Variance	
Siméto	4	3	5	6	4,5	1,66	1,28
Amar 06	3	5	2	3	3,25	1,58	1,25
Oued el bared	2	3	4	2	2,75	0,91	0,95
Antalis	1	3	2	3	2,25	0,91	0,95

✓ **Avec traitement (la fertilisation azotée)**

L'étude de l'évolution du nombre d'épis par pot chez les quatre variétés après le traitemen(Figure N°18), ce résultat à montre que les compasants répond positivement à la fertilisation azotée de sorte que les résultat enregistrées donne que le nombre des grains entre 12 et 5 épis , les valeurs les plus élevé été enregistrée chez les variétés siméto et Amar 06 entre 12et 9 épis, en échange les valeurs le plus faibles été enregistrée chez les variétés Antalis et Oued el bared entre 9 et 5épis . Le résultat a démontré que la fertilisation azotée améliore le nombre d'épis par pot.

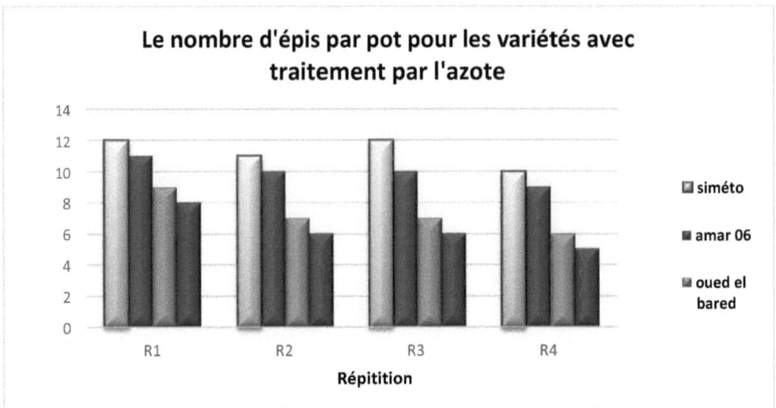

Figure N°18 . le nombre d'pis par pot pour les variétés sans traitement par l'azote

Tableau 13 . le nombre d'pis par pot pour les variétés sans traitement par l'azote

N° des talles R1 R2 R3 R4 Variance variété					—		
Siméto	12	8	10	12	10,5	3,66	1,91
Amar 06	10	9	7	11	9,25	2,91	1,70
Oued el bared	9	6	10	8	8,25	2,97	1,71
Antalis	9	5	7	7	7	2,66	1,63

2-4- Effet de la dose d'azote sur le nombre des grains par épi

✓ **Avec traitement (la fertilisation azotée)**

L'étude de l'évolution du nombre des grains par épis chez les quatre variété après le traitement (Figure N° 19), ce résultat a montré que les compasants répond positivement à la fertilisation azotée de sorte que les résultat enregistrées donne que le nombre des grains entre 44 et 30 grains, les valeurs les plus élevé été enregistrée chez les variétés Siméto et Amar 06 entre 44 et 42 grains, en échange les valeurs le plus faibles été enregistrée cher les variété Antalis et oued el bared entre 36 et 30 grains.le résultat a démontré que la fertilisation azotée améliore le nombre de grains par épi.

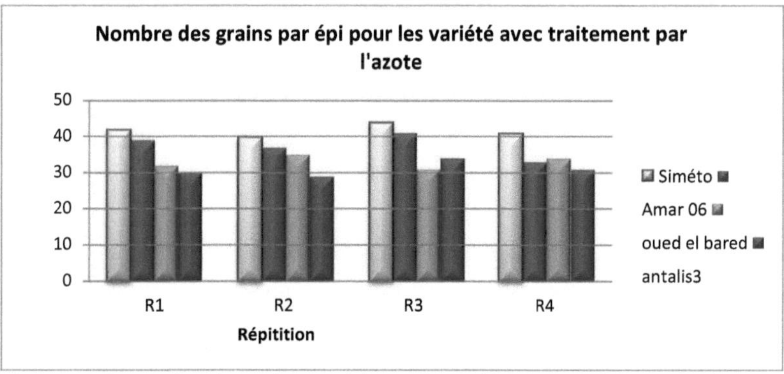

Figure N°19 . nombre des grains par épi pour les variétés avec traitement par l'azote

Tableau 14 . nombre des grains par épi pour les variétés avec traitement par l'azote

N° des grains variété	R1	R2	R3	R4	—	Variance	
Siméto	42	40	44	41	41,75	2,91	1,70
Amar 06	39	37	41	33	37,5	11,66	3,41
Oued el bared	32	35	31	34	33	3,33	1,82
Antalis	30	29	34	31	31	4,66	2,15

✓ **Sans traitement**

L'étude de l'évolution du nombre des grains chez les quatre variétés sans traitement par l'azote (Figure N°20) a montré que le nombre des grains entre 30 et 20 grains, les valeurs le plus élevée ont été enregistré chez les variétés Siméto et Amar 06 entre 30 et 24 grains par rapport aux deux autres variétés Oued el bared et Antalis de (23 et 19) respectivement.

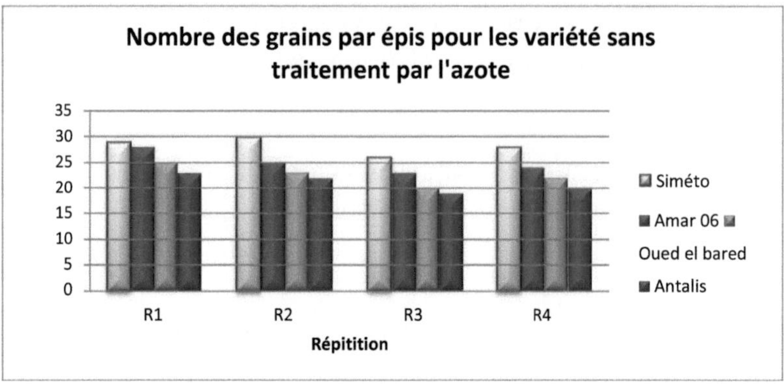

Figure N°20 . nombre des grains par épi pour les variétés sans traitement par l'azote

Tableau 15 . nombre des grains par épi pour les variétés sans traitement par l'azote

N° des grains variété	R1	R2	R3	R4	—	Variance	
Siméto	29	30	26	28	28,25	2,91	1,70
Amar 06	28	25	23	24	25	4,66	2,15
Oued el bared	25	23	20	22	22,5	4,33	2,08
Antalis	23	22	19	20	24	15,33	3,9

2-5- Effet de la dose d'azote sur langueur d'épi

✓   **Avec traitement (la fertilisation azotée)**

L'étude de l'évolution des longueur d'épis chez les quatre variété après le traitement (Figure 21) ,ce résultat a montré que les composent répondent positivement à la fertilisation azotée de sorte que les résultat enregistrées donne que la longueur d'épis entre 8 et 6 cm, les valeurs les plus élevé été enregistrée chez les variétés Siméto et Amar 06 entre 8 et 7,1 cm, en échange les valeurs le plus faibles été enregistrée chez les variété Antalis et oued el bared entre 6,15 et 6 cm.le résultat a démontré que la fertilisation azotée améliore la longueur d'épis.

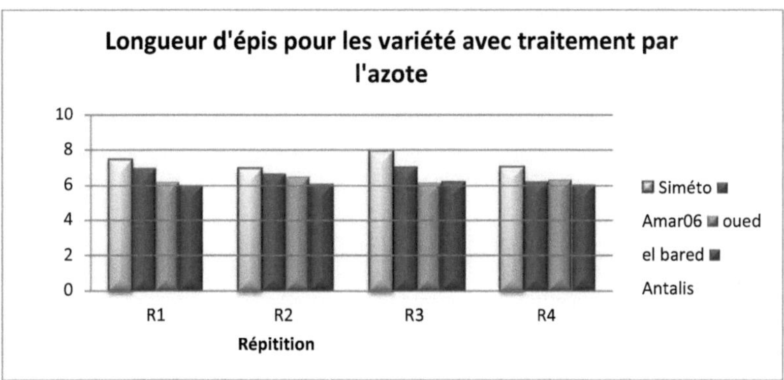

Figure N°21 . Langueur d'épis pour les variétés avec traitement par l'azote

Tableau 16 . Langueur d'épis pour les variétés avec traitement par l'azote

N° des grains variété	R1	R2	R3	R4	‾	Variance	
Siméto	7,5	7	8	7,08	7,39	1,39	1,17
Amar 06	7	6 ,68	7,1	6,25	6,75	0,14	0,37
Oued el bared	6,19	6,50	6,15	6,33	6,29	0,025	0,15
Antalis	6	6,1	6,25	6,06	6,10	0,01	0,1

✓ **Sans traitement**

L'étude de l'évolution de la langueur d'épis chez les quatre variétés sans traitement par l'azote (Figure N°22) a montré que la langueur d'pis entre 6 et 5,20 grains les valeurs le plus élevée ont été enregistré chez les variétés Siméto et Amar 06 entre 6 et 5,88 cm par rapport aux deux autres variétés Oued el bared et Antalis de entre 23 et19 respectivement.

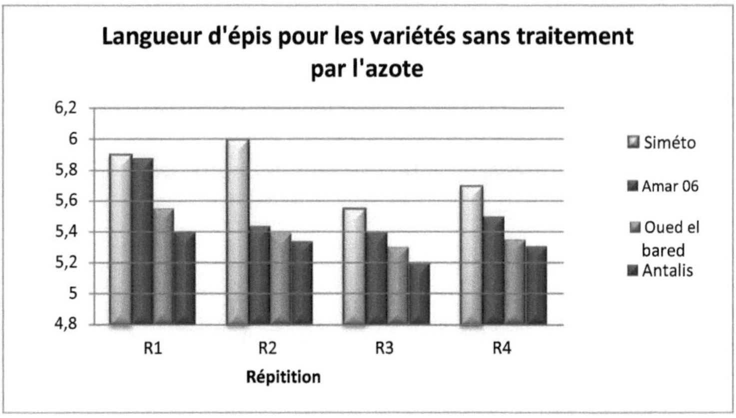

Figure N°22 . Langueur d'épis pour les variétés sans traitement par l'azote

Tableau 17 . Langueur d'épis pour les variétés sans traitement par l'azote

N°desgrains / Variété	R1	R2	R3	R4	—	Variance	
Siméto	5,9	6	5,55	5,7	5,78	0,04	0,2
Amar 06	5,88	5,44	5,4	5,5	5,55	0,04	0,2
Oued el bared	5,55	5,39	5,3	5,35	5,39	8,53	2,9
Antalis	5,40	5,34	5,20	5,31	5,3	7,23	2,68

2-6- L'effet sur le poids de 1000 grains

✓ **Sans traitement**

La figure N°23 a montré que mille grains non traitées pesaient entre 31,19g et 15,9g Où les valeurs les plus élevées ont été enregistrées chez les individus Siméto comme la valeur la plus élevée et Amar 06 alors que les valeurs les plus faibles ont été enregistrées Antalis et oued el bared.

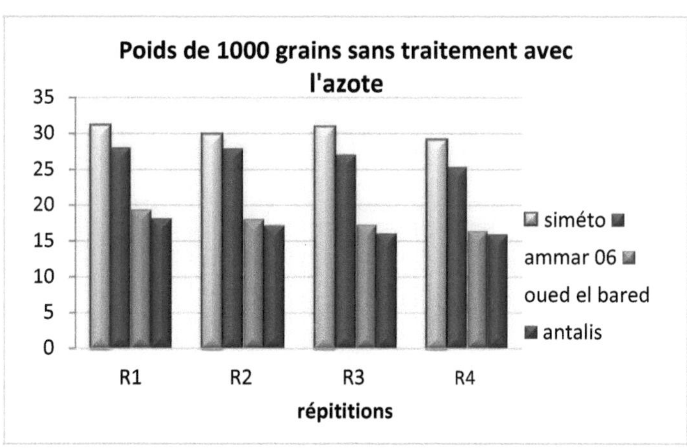

Figure N°23 . Poids de 1000 grains pour les variétés sans traitement par l'azote

Tableau 18 . Poids de 1000 grains pour les variétés sans traitement par l'azote

N°desgrains Variété	R1	R2	R3	R4	—	Variance	
Slmeto	31,19	30	31,03	29,25	30,36	0,82	0,90
Ammar 06	28	27,9	27	25,3	27,05	1,92	1,38
Oued el bared	19,31	18	17,22	16,37	17,72	1,55	1,24
Antalis	18,1	17,16	16,05	15,09	16,80	1,06	1,02

Les Tableaux 10et 10 Moyenne de l'analyse de la variance des caractaires morphologiques et les composants des rendement avec et sans traitement par l'azote

✓ **Avec traitement**

L'étude de l'évolution du poids de 1000grains traités avec l'azote (FigureN°24) a montré que cette composante répond positivement à la fertilisation azotée.

En effet un seul apport de l'azote au tallage produit le PMG le plus faible 44 ,13g alors que le PMG le plus élevé 55,5g chez variété Siméto donc la fertilisation azoté a permis d'améliorer le PMG du blé dur (Mandic et al ;2015).

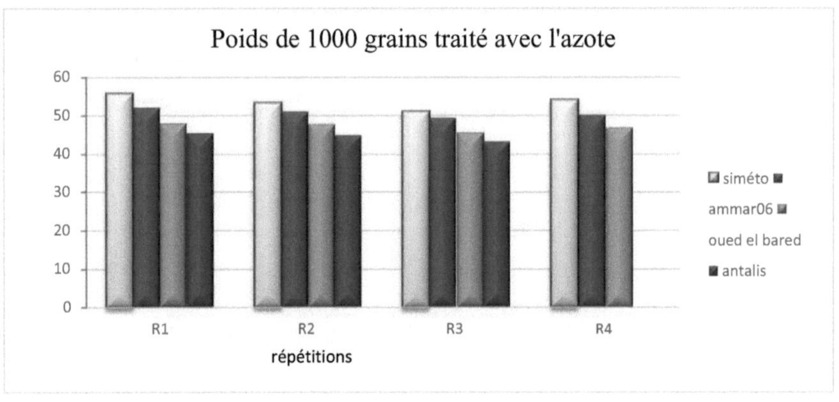

Figure N°24 . Poids de 1000 grains traité pa l'azote pour les variétés sans traitement par l'azote

Tableau 19 . Poids de 1000 grains traité pa l'azote pour les variétés sans traitement par l'azote

N°desgrains / variété	R1	R2	R3	R4	—	Variance	
Simeto	55,8	53,3	51,15	54,01	53,56	3,69	1,92
Ammar06	52,1	51	49,3	50,12	50,63	1,43	1,19
Oued el bared	48	47,7	45,52	46,78	47	1,24	1,11
Antalis	45,3	44,8	43,09	44,13	44,33	0,92	0,95

2-7- La fertilisation d'azote

Nous ajoutons d'azote à quatre des huit pots de chaque répétition à la surface des pots au stade de tallage (après l'émission de la 4ème feuille le 21/03/2023 ou nous avons utilisé cette relation pour calculer le dosage d'azote ajouté.

1h   2000000g

S   X

$1 \quad 10^{8} \, cm^{2} \quad 2000000g$

$200{,}96 cm^{2} \quad x$

$X = 401920000 \div 1 \quad 10^{8}$

$X = 4{,}01$

Nous avons ajouté 4g d'azote dans chaque pot.

II. L'analyse de variance des résultats

Tableau 20 . Analyse de variance de nombre de talles

Source de Variance	DDL	SCE	CM	F-obs	F- théo
Entre Groupes	3	26,5	8,83	2,90	3,49
A l'intérieur des groups	12	36,5	3,04		
Totale	15	63			

Les résultats de l'analyse de variance (tableau. 19) montrent qu'il y a une différence significative pour ce caractère morphologique parce que

F observé < F théorique

Tableau 21 . Analyse de variance de la hauteur de plante

Source deVariance	DDL	SCE	CM	F-obs	F- théo
Entre Groupes	7	2209,5	315,64	53,34	2,42
A l'intérieur des groups	24	142	5,91		
Totale	31	2351,5			

Les résultats de l'analyse de variance (tableau .20) montrent qu'il y a une différence significative pour ce caractère morphologique parce que

F observé > F théorique

Tableau 22 . Analyse de variance de nombre d'épis/ pot

Source de Variance	DDL	SCE	CM	F-obs	F- théo
Entre Groupes	7	318,37	45,48	37,00	2,42
A l'intérieur des groups	24	29,5	1,22		
Totale	31	347,87			

Les résultats de l'analyse de variance (tableau. 21) montrent qu'il y a une différence significative pour ce caractère morphologique parce que

F observé > F théorique

Tableau 23 . Analyse de variance de La langueur d'épis

Source de Variance	DDL	SCE	CM	F-obs	F- théo
Entre Groupes	7	15,85	2,26	21,19	2,42
A l'intérieur des groups	24	2,56	0,10		
Totale	31	18,42			

Les résultats de l'analyse de variance (tableau. 22) montrent qu'il y a une différence significative pour ce caractère morphologique parce que

F observé > F théorique

Tableau 24 . Analyse de variance de nombre des grains/ épi

Source de Variance	DDL	SCE	CM	F-obs	F- théo
Entre Groupes	7	1410	201,42	41,14	7,51
A l'intérieur desgroups	24	117,5	4,89		
Totale	31	1527,5			

Les résultats de l'analyse de variance (tableau. 23) montrent qu'il y a une différence significative pour ce caractère morphologique parce que

F observé > F théorique

Tableau 25 . analyse de variance de poids de 1000 grains

Source deVariance	DDL	SCE	CM	F-obs	F- théo
Entre Groupes	7	6140,20	877,17	541,11	8,04
A l'intérieur des groups	24	38,90	1,62		
Totale	31	6179,10			

Les résultats de l'analyse de variance (tableau. 24) montrent qu'il y a une différence significative pour ce caractère morphologique car :

F observé > F théor

II. Etude mathématique et numérique du modèle **<u>Pour le modèle linéaire</u>**

Qs = NTM.T   N

Qs = La quantité de biomasse

T = le tempe (par jour)

NTM = développement des nombre des talles

N = substance d'influence (azote)

Ce modèle se développe de façon linéaire

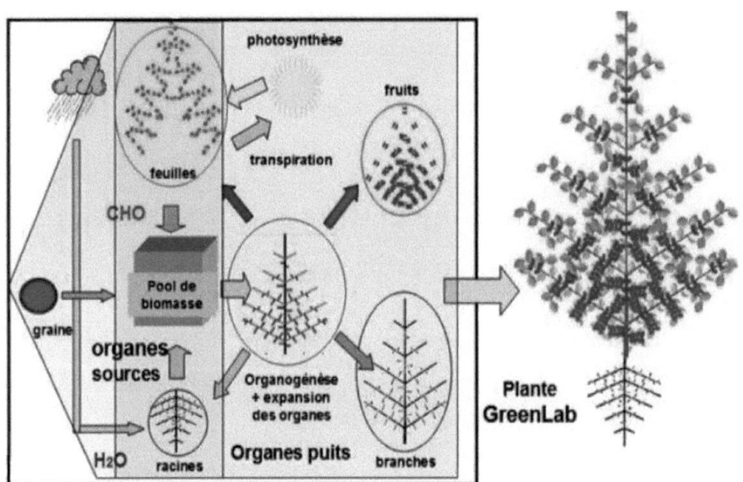

Figure . 25 Système dynamique de la croissance des plantes (Wallach et al, 2005).

<u>Par comparaison</u>

Qs = NTM.T

Qs = La quantité de biomasse

T = le temps (par jour)

NTM= développement des nombre des talles

Notre modèle est varié de façons linéaire

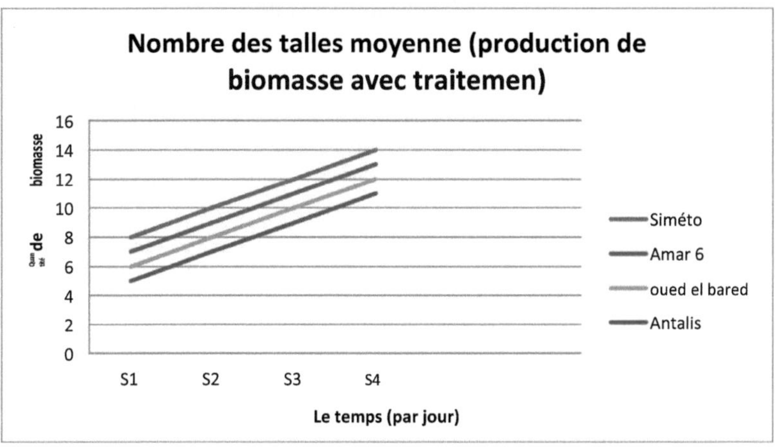

Figure.25 nombre des talles moyennes (production de biomasse avec traitement)

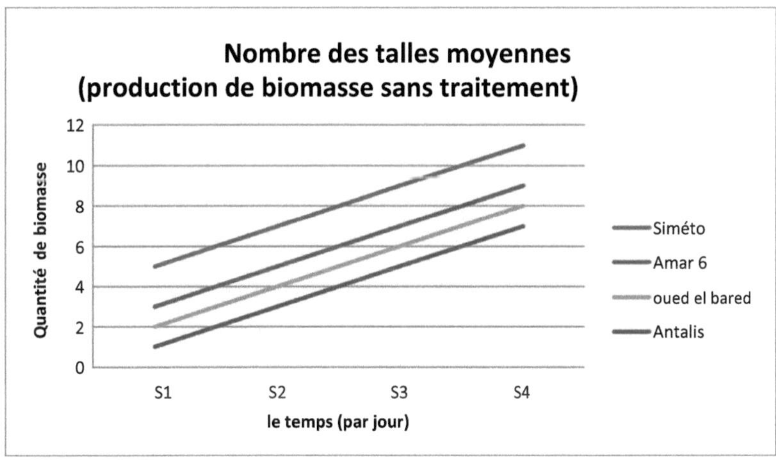

Figure . 26 nombre des talles moyennes (production de biomasse sans traitement)

Conclusion générale

L'étude est menée sur quatre variétés de blé dur (*Triticumdurum*) les plus utilisées à Skikda : Siméto.Ammar 06,Oued el bared et Antalis (locale et importé), dans le but de caractérisation du tallage de blé dur (*Triticumdurum*) et sa modélisation sous l'effet de l'azote

Notre niveaux principaux de la culture :huit répétitions pour chaque variété dont quatre répétitions non traitées etquantre répétitions traitées (la fertilisation azotée).

Nous avons traité les points suivants :

- L'étude morphologique du tallage.
- L'effet de la dose d'azote sur le nombre de talles.
- L'effet de fractionnement de la fumure azotée sur la hauteur de plante.
- Caractérisation du tallage de blé dur (*Triticumdurum*) et sa modélisation

L'effet du fractionnement de la fumure azotée sur la qualitéde la production ou les composantes du rendement (nombre d'épis/m^2, longueur d'épis en cm, nombre des grains par épis poids de 1000grains, dose d'azote)

On a trouvé que la fertilisation azotée est un élément principale pour augmenter le nombre du talles au stade de tallage avec **modèle linéaire** .

Aussi la capacité de produire des talles est plus importante chez la variété Siméto et Amar 06 comparativement aux autre variétés oued el bared et Antalis

Notre modèle pourra être mis à la disposition aux agriculteurs de la production de blé dur et notre expérimentation sur la modélisation du talle au stade du tallage sera un point de départ pour aider notre agriculteurs dans la culture de blé dur(*Triticumdurum*) et améliorer les rondement.

Enfin nous recomandations aux agriculteurs :

- Utiliser les variétés semis naines pour la verse.
- Pour optimiser la fertilisation azotée il faut utiliser la modélisation.

La variété Siméto est une variété parfaite dans le climat de Skikda .

I. localisation de l'expérience

55

II- Moyenne de l'analyse de la variance des caractaires morphologiques et les composants des rendement avec traitement par l'azote

	NTM	NE	HP	LE	NGE	PMG
Siméto	10.5	11.25	60.5	7.39	41.75	53.56
Amar 06	9.25	10	55.5	6.75	37.5	50.63
Oued el bared	8	7.25	42	6.29	33	47
Antalis	7	6.25	38.75	6.10	31	44.33

NTM : les nombres des talles NE : nombres d'épis HP : La hauteur de la plante LE : La langueur d'épis NGE : nombre des grains par épi PMG : pois de mille grains

III- Moyenne de l'analyse de la variance des caractaires morphologiques et les composants des rendement sans traitement par l'azote

	NTM	NE	HP	LE	NGE	PMG
Siméto	4.5	4.5	47.25	5.78	28.5	30.36
Amar 06	3.25	3.25	43.25	5.30	25	27.05
Oued el bared	2.75	2.75	39.5	5.29	22.5	17.72
Antalis	2.25	2.25	34.25	5.31	22	16.6

NTM : les nombres des talles NE : nombres d'épis HP : La hauteur de la plante LE : La langueur d'épis NGE : nombre des grains par épi PMG : pois de mille grains

A

-**Abbassenne, F., Bouzerzour, H., &Hachemi, L. (1997).** Phénologie et production du blé dur(*TriticumdurumDesf.*) en zone semi-aride. *Ann. Agron. INA*, El Harrach, 18 :24-36

Algérie : Université Djilali Bounaâma de Khemis Miliana, 2017, p 104. Disponible sur consulté le Algérie et ICARDA: 176 p

-**Acevedo, E., Silva, P., & Silva, H. (2002).** Wheat growth and physiology, *In:* Curtis, B. C., RajaramS., and Macpherson, G. H., Bread wheat. Improvement and Production, Eds. *Food and AgricultureOrganization*, Rome, 30: 34 - 70.

--**Alismail W et al., (2017).** Influence de la densité de semis sur la production du blé dur dans la zonesemi-aride du Haut Cheliff. Thèse de mastère. Univ de Khemis-Miliana.51.

B

-**Baldy, C. (1984).** Utilistion efficace de l''eau par la végétation en climats méditerranéens. Bull. Soc.

-Belaid D., (1987). **Etude de la fertilisation économique. Option méditerranéenne CIHEAM. 7 p**

-**Belaid, D. (1987).** Etude de la fertilisation azotée et phosphatée d'une variété de blé dur (Hedba3) enconditions de déficit hydrique, Mémoire de magister. INA - El Harrach, Alger, 108p

-**Bonjean, A. (2001).** Histoire de la culture des céréales et en particulier celle de blé tendre (Triticum

-**Bos H.J. , Neuteboom J.H. , 1998-** Morphological analysis of leaf and tiller number dynamics of wheat (Triticum aestivum L.) : responses to temperature and light intensity . Annals of Botany . 81 : 131-139 .

-**Boukensous W**. Etude de l'efficacité de quelques fongicides sur le contrôle des maladies foliaires du blé et l'impact du traitement sur le développement et le rendement de la culture [En ligne].

-**Boulal H., El Mourid M., Rezgui S., Zeghouane O. 2007** : Guide pratique de la conduite des céréales d'automne (blés et orge) dans le Maghreb (Algérie, Maroc, Tunisie). Edition: ITGC, INRA Algérie et ICARDA: 176 p.

-**Brink, M., &Belay, G. (2006)**. Ressources végétales de l'"Afrique tropicale 1. Céréales et légumes secs. Fondation PROTA, Wageningen, Pays-Bas/BackhysPublishers, Leiden, Pays/Bas/CTA, Wageningen, Pays-Bas, 328pp.

C

-**Casnin C., Jean-François M. et Levesque H. (2013)**. Le blé, une plante modèle pour étudier labiologie végétale au lycée (enseignants-associés à l'Ifé-ENS de Lyon)

-**Catell, F., 2006**- Fonctionnement hydrique et physiologique de la plante. In: TiercelinJ.R.et Vidal céréales d'automne (blés et orge) dans le Maghreb (Algérie, Maroc, Tunisie). Edition: ITGC, INRA

-**Cherfia, R. (2010)**. Etude de la variabilité morpho-physiologique et moléculaire d'une collectionde blé dur algérien (**Triticumdurum**). En vue de l'" obtention du diplôme de Magistère enBiotechnologies végétales Université Mentouri, Constantine

-**Clement J.M. 1981**: Dictionnaire Larousse Agricole. Librairie Larousse. ISBN 2-03- 514301-2: 1207p.

-**Clerget, Y. (2011)**. Biodiversité des céréales Origine et évolution. Montbéliard. 17p.

de deux variétés de blé dur Algériennes (Bousseleme et Siméto) [En ligne]. Mémoire de Master.

D

-**Diehl, R, 1975**. Agriculture générale. Edition J.B. Baillière. 396 pages.

du blé et l'impact du traitement sur le développement et le rendement de la culture [En ligne].

-**Dubcovsky, J., & Dvorak, J. (2007)**. Genome plasticity a key factor in the success of polyploid wheat under domestication. Science, 316 (5833) :1862.

-**Duthil, J., 1973** - La fertilisation phosphatée des sols calcaires. An Agro, INA Vol VI n°2, pp.

E

-**Emillie. (2007)**. Connaissance des aliments base alimentaire et nutritionnelles de la diététique. Ed:tec et doc, la voisier, paris.

-**Even L.T. , 1975**- Photosynthesize and the flag leaf and components of bordering grain development in wheat.Aust j , biol , Sci , 23 ; 245p .

F

-**Feldman, M., & Sears, E. R. (1981)**. The wild gene resources of wheat. Sci. Am, 244 : 98–109.

G

-**Gallais, A., &Bannerot, H. (1992).** Amélioration des espèces végétales cultivées : objectifs et critèresde sélection. *INRA éditions*. 759 pmanagement in Kentucky. The Univ. of Kentucky. http://www.uky. edu/Ag/GrainCrops/ID125 Section2.html (accessed 29 Nov. 2012).

-**Gate P, 1995** : Ecophysiologien du blé de la plante à la culture -Ed. DOC-la voisior I.T.C.F- France-pp 417.

Gate, P. H. (1995). Ecophysiologie du blé ; Technique et documentation : Lavoisier, Paris, 429 p

-**Girard M.C., Walter C., Rémy J.C., Berthelin J. & Morel J.L., (2005).**Sols et Environnement, Eds., Dunod, Paris, 816p.

-**Gouasmi R, Badaoui N.** Etude biochimique de l'influence du séchage sur la valeur nutritionnelle

-**Guillaume, 2020.**les basesenbiostatistiques, lournos nature-2019-2022.

-**Grignac, P. (1965).** Contribution à l'étude de *TriticumdurumDesf*. (Doctoral dissertation, Toulouse).

H

-**Hamadache, A. (2013).** Eléments de phytotechnie générale : Grandes Culture- Tom I : Le blé. 1éreédition. Mohamed Amrani. 49-69.

-**Hayden, B., (1990).** Nimrods, Piscators, Pluckers and Planters : The Emergence of Food Production. J. Anthrop. Archaeol., 9(1), 31

-**Henry, Y., & De Buyser, J. (2001).**L"origine des blés. In : Belin. Pour la science (Ed.). De la graine à la plante. Ed. Belin, Paris, pp. 69-72.

-**Herbek, J., & Lee, C. (2009).** Growth and development. In: A comprehensive guide to wheat.

K

Karou, M., Haffid, R., Smith, D. N., & Samir, K. (1998). Roots and growth water use and water use.

L

-**Laumont, P., &Erroux, J. (1961).** Inventaire des blés durs rencontrés et cultivés en Algérie. Mémoire de la société d'"histoire naturelle de l'"Afrique du Nord, 5 : 94p.le (01/03/2020).

-**Levy, A. A., & Feldman, M. (2002).** The impact of polyploidy on grass genome evolution. Plant Physiol, 130: 1587-1593

-**Longnecker, N., Kirby, E. J. M., & ---è----Robson, A. (1993).** Leaf emergence, tiller growth, and apicaldevelopment of nitrogen-deficient spring wheat. *Crop Sci*, 33: 154- 160.efficiency of spring durum wheat under early-season drought. *Agronomy*, 18: 181-186.

-**Louis Houda, 2016.**PAF analyse de problem es de gestion
https://oraprdnt.uqtr.uquebec.ca/Gscdepot/paf1010/19/M13.pdf

M

-**Mac Key, J. (2005).** Wheat: Its concept, evolution, and taxonomy. In: ConxitaMémoire de Master. Algérie : Université 8 Mai 1945 Guelma, 2014, p 92. Disponible sur consulté

-**Michèle M. , Roger P. et Jean C. R. , 2006-** Biologie et Multimédia Université Pierre et Marie Curie UFR de Biologie

Moeller C. , Jochem B. , Evers and Greg R. , 2014- Canopy architectural and physiological characterization of near - isogenic wheat lines differing in the tiller inhibition gene tin . Frontiersin Plant Science : Plant Biophysics and Modeling.doi : 10.3389.

-**Mohamed, H. (2000)** Étude des systèmes de production utilisés en zone nord de Constantine casdu réseau d'amélioration du blé dur.

Moule , C. (1971) . Céréales . La Maison rustique .

O

-**Oudjani W., 2009-** Diversité de 25 génotypes de blé dur (*Triticumdurum*Desf.) : Etude des
caractères de production et d'adaptation. Thèse de Magister. Université de Constantine. 111p.

R

-**Robert, D., Gate, P., & Couvreur, F. (1993).** Les stades du blé. *Editions ITCF. 28 p.*

S

-**Sadouki M et *al.*, (2018).** Etude de la variabilité morpho-physiologique du blé dur (*Triticumdurum.*) dans les conditions climatique du Haut Chéliff. Thèse de mastère. Univ de Khemis Miliana.
-**Surget, A., &Barron, C. (2005).** Histologie du grain de blé. Industries des céréales, (145), 3-7.

-**Soltner, D. (1990).** Alimentation des animaux domestiques. Tome 2, La pratique du rationnementdes bovins, ovins, porcins.

W

-**Wardlaw, I. F. (2002).** Interaction between drought and chronic high temperature during kernel fillingin wheat in a controlled environment. *Annals of Botany*, 90: 469-476.

Mémoire de Master. Algérie : Université 8 Mai 1945 Guelma, 2014, p 92. Disponible sur consulté le (01/03/2020).

-**Ducreux G. , 2002** - Introduction à la botanique (licence 1.2.3) . Edition belin .
Paris . p : 101-185 .

aestivum L.). Dossier de l'environnement de l'INRA, 21: 29-37